二酸化炭素温暖化説の崩壊

広瀬 隆
Hirose Takashi

a pilot of wisdom

目次

本書の引用図版は原図のままであるが、矢印と太字の説明などを筆者が加えてある。

第一章　二酸化炭素温暖化論が地球を破壊する

奇々怪々の現代

「時こそ最後の審判者である」と鷹揚に構えていると、私たち自身がとんでもない被害を受ける。今このことに、疑問をさし挟む余地はない。私の目には、その日の人類滅亡の姿まで見えるので、一筆とらざるを得ない。人類の思考力がここまで退化するのは、文化人類学的に興味深い現象でもある。

本書とほぼ同じ「二酸化炭素温暖化説はなぜ崩壊したか」という演題で、ここ二年ほど四回の講演会に臨んだ。会場には、おそらく日本で最も深い知恵を働かせ、二酸化炭素（CO_2）温暖化論と環境問題に精通した「うるさい性格の人たち」が集まって席を埋めつくし、「こいつは何を話すのだろう」と猜疑《さいぎ》に満ちた目を私に向けていた。まったく驚いたことに、このように「反社会的な」演題を掲げて、これだけの人が集まり、それ以上に思いがけぬことに、四時間近く話しても、誰一人席を立たなかった。私はまず一枚の気温グラフ【図1】を示して、「ここ一〇年、地球の気温はまったく上昇していません。むしろ寒冷化しているのに、なぜ温暖化と騒ぐのですか」と尋ねた。会場は、寂《せき》として声がなか

【図１】最近20年間の地球全体の平均気温の変化

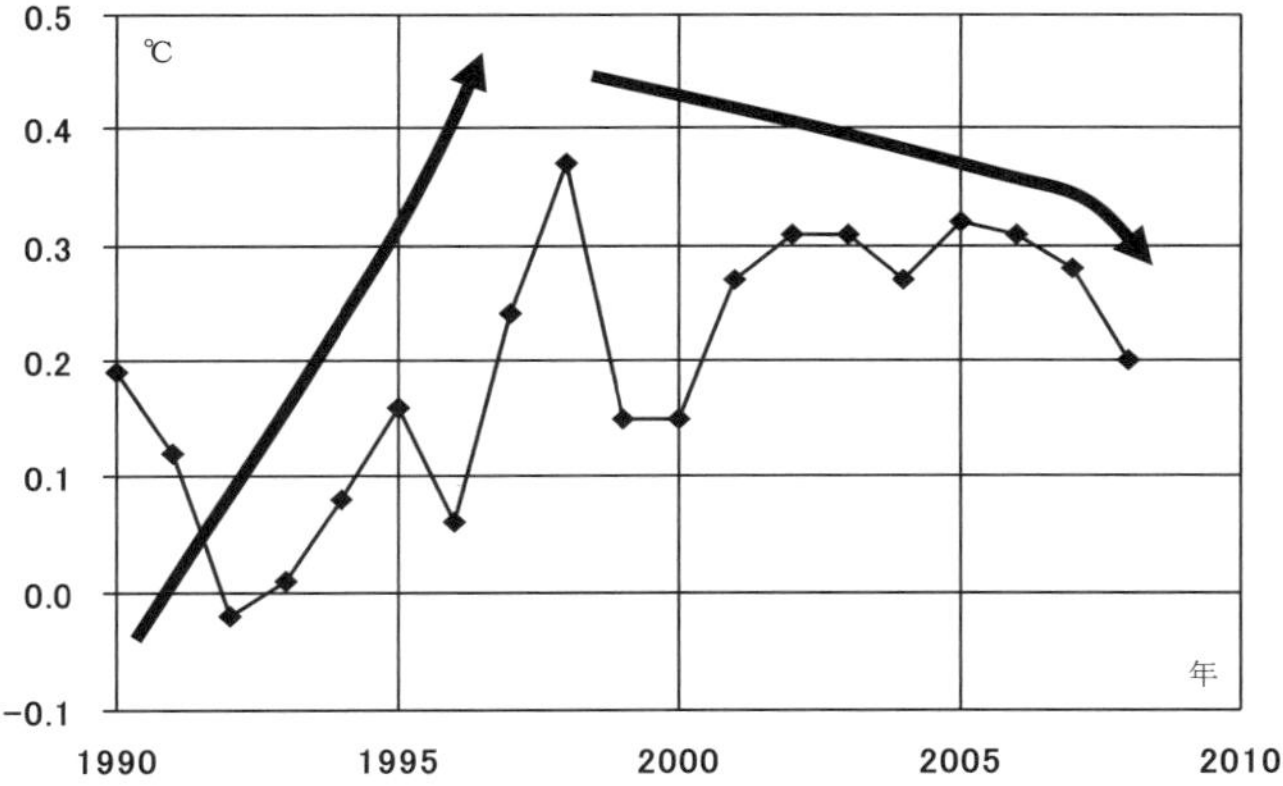

地球の気温は急上昇すると騒いできたが、CO_2は激増しながら気温が上がらず、みな説明に困っている。2009年気象庁公表値より。

った。「大気中のCO_2濃度は、中国・インドなどの暴走する経済成長によってぐんぐん高まり、今年も最高記録を書き換えていますね。CO_2温暖化説が正しいなら、CO_2が増えて、なぜ地球は冷えるのですか」

続いて私は、「この会場で、このグラフの気温データを調べている人は手を挙げてください」と問うた。やはり会場は水を打ったように静寂に包まれたまま、誰も手を挙げなかった。すべての会場で、気温を調べている人がいなかった。くり返すが、会場には、日本の中でも、この問題に特に高い関心を抱いている人たちが来場していた。これと同じ質問を、やはりこの問題に関心の高い本書の読者に対して問いたい。そして、温暖化問題について報道を続けてきた新聞記者とテレビ報道関係者に対して、まず疑問を持つ、というところから興味深く問いかけたい。「気温を調べたことがありますか」と。

実は、この日本に生きている九九パーセントの人は、気象庁が公表して、インターネット上で「誰でも調べることができる」気温データを調べたことはない。その九九パーセントの人が、地球はCO_2によって温暖化していると鵜《う》呑《の》みにしてきたことがこれで明らかである。この人たちに罪はない。イギリスのＢＢＣ放送はじめ、全世界で気温が下がっていると大きく報道されているにもかかわらず、日本の新聞とテレビがまったくこのグラフを出さないからである。日本人に正しく事実を伝えるべき報道関係者が重大な責任を問われる。しかし九九パーセントの人が現在の気温変化を知らないことは、日々の作業に追われて忙しいというだけでは、まったく罪がないとは言えない。ブレーズ・パスカルが「人間は考える葦《あし》である」と語った、人間という生物がとるべき態度ではない。地球温暖化とは、子供にでも分る、しかも面白い科学を論ずる話である。もしCO_2温暖化説を主張したいなら、誰もがまず気温を調べてから発言するべきである。「地球を愛する」という言葉がテレビコマーシャルに氾濫しているが、地球を愛するとは、「気温を調べたこともない」企業や子供のたわ言ではなく、流行語でもない。大いなる好奇心を持って、真剣に事実を調べて考え、それなりの骨折りを要することである。

そこで読者に対して真摯《しんし》に願いたいことは、これから語ることは科学であるが、小学生や中学生が分る「理科」だということを、まず最初に頭に入れていただきたい。つまりこの温暖化論議は、その結論について学会や報道界が独占権を持つ占有物ではない。自分は学者であるとか、ジャーナリストであるとか、妙にふんぞりかえらないことである。人間を理工系や文科系に分類しないことである。人を子供や大人に分類しないことである。人が考えるためには、誤報に満ちた報道に惑わされず、職業観や過去の観念を捨てて、誰でも分る興味深い事実を見て、自力で考えることが大切である。新聞・テレビ関係者は広告スポンサーに従い、学者は国や学校に予算を握られ、「反世論的」と見られることをおそれ、このようなテーマでは軟弱な生き物であることを、時が実証してきた。

パスカルはかの名言によって哲学者として著名だが、それは、彼が書き残した原稿が

『パンセ』（思考）と題されて後年に出版され、数々の含蓄ある言葉を知った人がそう呼んだからだ。本人は、地球の大気が重さを持っていることを初めて実証し、ギリシャ・ローマ時代から連綿と続く誤った宇宙観をひっくり返した科学者だった、と私は見ている。パスカルが一九歳で人類最初の計算機（コンピューター）を完成したのだから、パスカルは最高度のエンジニア、職人でもあった。人を職業や肩書で分類することは、大きな間違いであり、人間の内に秘めた可能性をおそろしく狭めることになる。

江戸時代にわが国で最初に電気を科学的に研究した日本人は、歴史的にほとんど無名の大坂の「傘職人」橋本宗吉《そうきち》である。平賀《ひらが》源内《げんない》はどうでもよい。源内より先に、日本人は橋本宗吉の偉大さを歴史に記憶するべきである。わが国で伊能忠敬《いのうただたか》の全国地図作製を可能にする最高度の望遠鏡を製作した天才は、和泉国《いずみのくに》貝塚町（大阪府貝塚市）の「魚屋の息子」岩橋善兵衛であり、彼がいなければ日本の天文学と地理学はひどく遅れただろう。生物の遺伝の法則を初めて発見したグレゴール・ヨハン・メンデルは「修道院長」だったのだ。日本で言えばお坊さんが、エンドウマメの栽培実験をくり返し、今や誰もがＤＮＡ、ＤＮＡと騒ぐ遺伝学の基礎を築いた偉人なのである。

私たちが生きている大地の上には、空気がある。そして太陽の日の出と日没を海や地平線に見ることができる。地球の気候は、地球を包んでいるこの大地と大気と海だけでなく、遠い太陽が大きな影響をおよぼす複雑なメカニズムを持って変化している。しかも、物理的な変化と化学的な変化とが重なり合って、あらゆる分野の科学者の英知を集めても、いまだにその正体がつかめない。

ところが驚いたことに、人間の出す二酸化炭素によって地球が温暖化している、という途方もない仮説が出てから、人類の大半がそれを科学の結論だと信じて議論をスタートし、エコ、エコと叫ぶ蛙《かえる》の大合唱で、CO_2狩りに熱中する時代の真《ま》っ只中《ただなか》にある。ちょっと待ちなさい。真正な科学を追究してきた人たちは、おそるべき魔女狩りの時代を迎えたと感じてきた。宗教裁判で審問されて火あぶりにかけられたジョルダノ・ブルーノや、ガリレオ・ガリレイさえ卒倒するほどだ。しかしこの宗教裁判の裁判官を気取ってきた国連のノーベル平和賞受賞者「気候変動に関する政府間パネル」(IPCC――Intergovernmental Panel on Climate Change) という組織については、アメリカ・ヨーロッパで山のような報道が続き、その正体がどれほどいかがわしいものであるか、仮面がはがされつつある。

二〇〇八年五月二五日〜二九日に日本地球惑星科学連合で「地球温暖化の真相」と題するシンポジウムが開催された。この学会は、地球に関する科学者共同体の四七（現在四八）学会が共催する日本国内最大の学会であった。ここで、地球科学者、物理学者、天文学者たちが、「CO_2温暖化説」を批判して数々の実証データと理論を示し、大半の参加者が「CO_2温暖化説を信じない」という議論を展開した。わが国の太陽研究の第一人者も、CO_2温暖化説を否定した。アンケートをとったところ、「IPCCが主張するように二一世紀に一方的な温暖化が進む」という考えの人は、一割しかいなかった。むしろ多くの学者は、寒冷化による被害が切迫してきているのではないか、という危惧《きぐ》を抱いていた。新聞とテレビからそれを知らされない読者は、知るはずもないのだが。

明けて二〇〇九年正月に、会員二〇〇〇人を擁する日本のエネルギー・資源学会が新春eメール討論を開いた結果では、IPCC参加者（のちに紹介する国立環境研究所・江守正多《せいた》）以外の四人は、やはりCO_2による地球温暖化説を全員が否定したのだ。アラスカ大学・赤祖父俊一《あかそふしゅんいち》名誉教授、横浜国立大学・伊藤公紀《きみのり》教授、海洋研究開発機構・草野完《かん》也《や》プログラムディレクター、東京工業大学・丸山茂徳《しげのり》教授、この四人の意見を要約すると、「CO_2は増加しているし、地球の気温も上がってきたが、CO_2のために気温が上がっているのではなく、地球本来の自然な変化である。今後もこのような気温上昇が続く可能性は低い」というものだった。彼らがCO_2温暖化説はまったくの誤りで、自然な変化であると断定しているのに、なぜその言葉が、新聞とテレビで大きく報じられないのか。

この四人の考えは、私の考えと合致するものと、合致しないものがある。その違いを議論し合い、みなで共に考えることが、科学に取り組む基本精神である。これまでまったくそれがおこなわれてこなかったことが、最大最悪の問題である。そこで、なぜこれらの自然を調べている人たちが二酸化炭素温暖化説を否定するかを知るために、数々の事実を見てゆこう。

一〇年前の二〇〇〇年に戻るが、その当時発表され、あらゆる新聞と雑誌に掲載され、テレビに映し出された地球の気温上昇グラフは、次頁の【図2】であった。一九九八年に平年差が〇・八℃にもなったと騒がれた。ところが、二〇〇三年と二〇〇九年に発表された気温をグラフに描くと、【図3】になる。先の四人を含めて、今まで私が読んだ「CO_2温

【図2】世界の年平均地上気温の変化

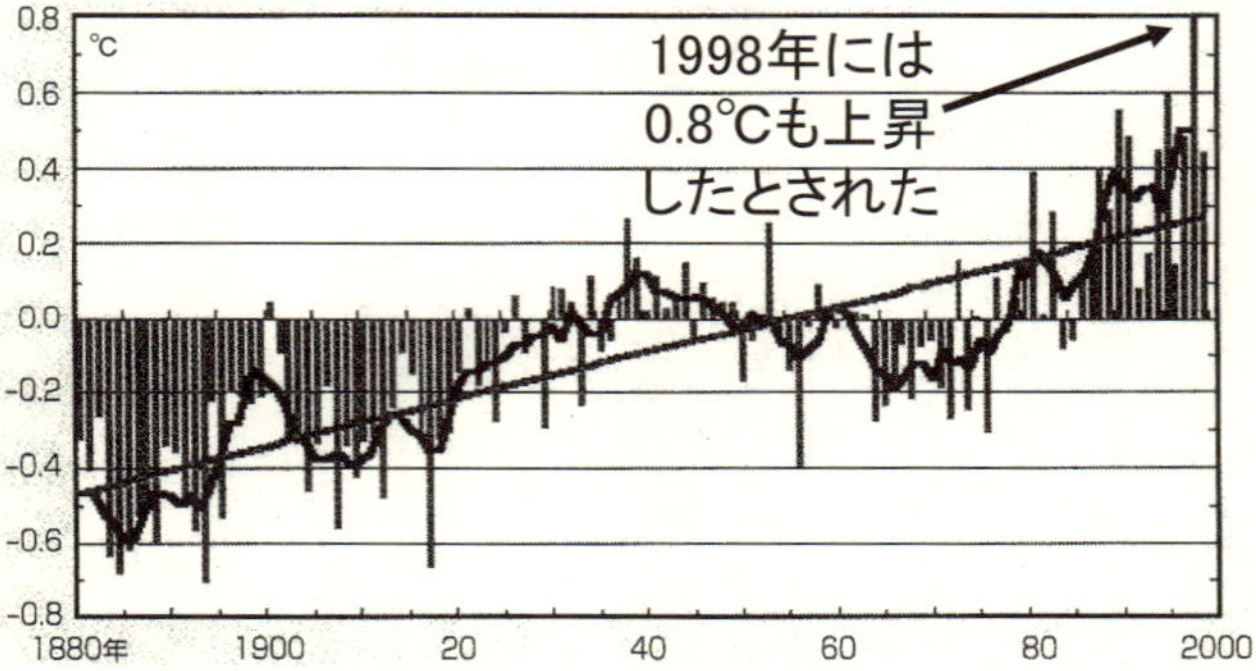

10年前の2000年に各紙誌に流布したグラフ。棒グラフは各年の値、線グラフは各年の値の５年移動平均、直線は長期傾向を示す。「気候変動監視レポート1999」（気象庁）より。

暖化説を否定する書」のどこにも書かれていない事実だが、この一〇年ほどの間に、一九九八年の温度データが、どんどん下がってきているのである。平年差と呼ばれるこの一九九八年温度上昇分は、二〇〇〇年の【図2】で〇・八℃もあったのが、【図3】の二〇〇二年データでは、〇・六四℃しかない。二〇〇八年データでは、〇・三七℃しかない。【図3】の基準として比較した平年値は、どちらも一九七一〜二〇〇〇年の平均値で、同じである。つまり、〇・八℃マイナス〇・三七℃で、〇・四三℃も下げられているのだ。地球が冷えたのではなく、公表されてきたデータが秘《ひそ》かに

【図3】世界の気温の変化は発表年によって大きく異なる

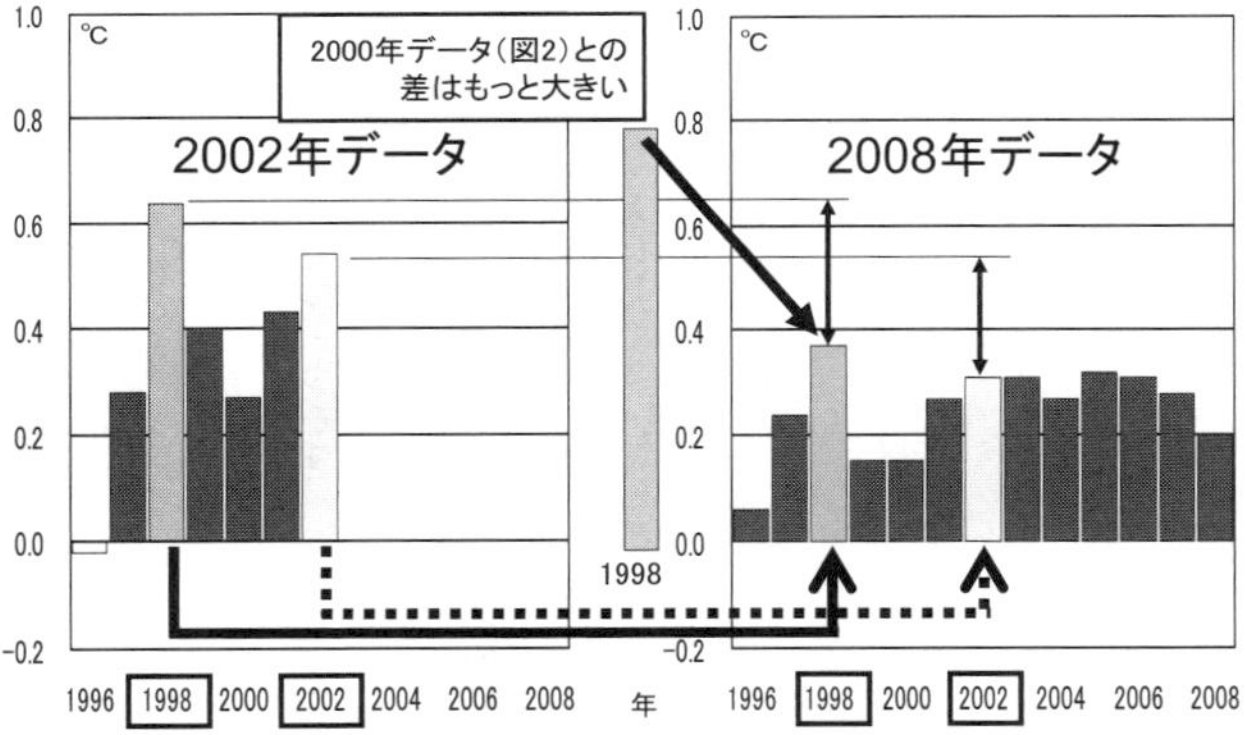

気象庁公表値より。

冷えているのだ。

一〇〇年間で〇・六℃〜〇・七℃も上がったと叫んでいる時に、〇・四三℃の数字はあまりに大きいと感じないだろうか。一度正しく測定され、発表された気温である。速報値ではないのだから、古い年の気温が下がることなど、あってはならない。しかもその一九九八年は、二〇〜二一世紀の最高温度として、いま世界中のメディアで組《そ》上《じょう》にのぼっている、最も重要な指標となるデータである。

　気づいたのは、ウォール街の金融犯罪でしばしば摘発されるケースとよく似ていることだ。ある人間が社長に就任した時、前社長時代の業績を帳簿上の経理操作で悪くすることによって、新社長としての業績を高く見せて高額ボーナスを得た人間が、アメリカで何人も摘発されてきた。冒頭の【図1】のように、地球の気温は下がっているというIPCC温暖化論者にとって不都合な真実がある。しかし古い年の気温を下げれば、地球はあまり冷えていないと、みなが感じるようになる。

IPCCの性格を知るには、このように長期的に彼らの行動を観察し続け、古いデータを上書きせずに保存しておくことが必要だ、というのが教訓である。データそのものが大幅に変る数字を使って、スーパーコンピューターで一〇〇年後の将来を「精密に」シミュレーションしたと騒ぐことは、奇妙である。

実は、これらの気温グラフは、北半球と南半球、それぞれの土地によってみな違う温度変化を足し合わせた「地球全体の平均」である。そこで、各地域ごとに調べてみよう。【図4】の数値は気象庁公表値であり、やはり誰でも調べられるが、このように北半球と南半球では、まったく気温の上昇率が違う。「北半球は陸土の大半を占めるので気温上昇が大きい」と学者たちは説明している。だが大陸に接した日本を見ると、異常に大きな気温上昇なので、そのような説明に、私は納得しない。

次に、NASAの人工衛星がとらえた地球全土の夜間の写真【図5】(二二頁)を見よう。地球各地で異なる時刻に夜が訪れるので、これは合成パノラマ写真だが、異常に輝く深夜の日本列島が見える。夜に真っ暗なのは、北朝鮮であることに気づく。北朝鮮が正常で、日本が異常なのである。日本中でライトアップをしているが、植物にとってこれほど迷惑なことはない。自然の営みを理解しない日本人が、植物を愛していると言えるだろうか。無駄な排熱が大都市を中心にヒートアイランドと呼ばれる過熱現象を起こしていることを、多くの読者はご存知であろう。新聞・テレビは、CO_2温暖化と、大都市ヒートアイランドをごちゃまぜにしている。気温が高くなると、底意を秘めた「温暖化」という言葉でくくって聞き手がCO_2を連想するように誘導するが、まるで無関係の物理的現象である。メディアがこのような表現を使うのは、まったく地球を愛していないし、理科の基本ができていないからである。「CO_2温暖化」はビニールハウスと同じ温室効果であるから、地球全体の気温上昇を指すのである。それに対して「ヒートアイランド」は、ストーブの前にいると暑いのと同じような、狭い地域の過熱を指すのである。

1971〜2000年の30年平均値との平年差。地球の気温上昇率は、地域によって大きく異なり、南半球より北半球が高く、北半球でも日本は特に大きな気温上昇を示している。2009年気象庁公表値より。

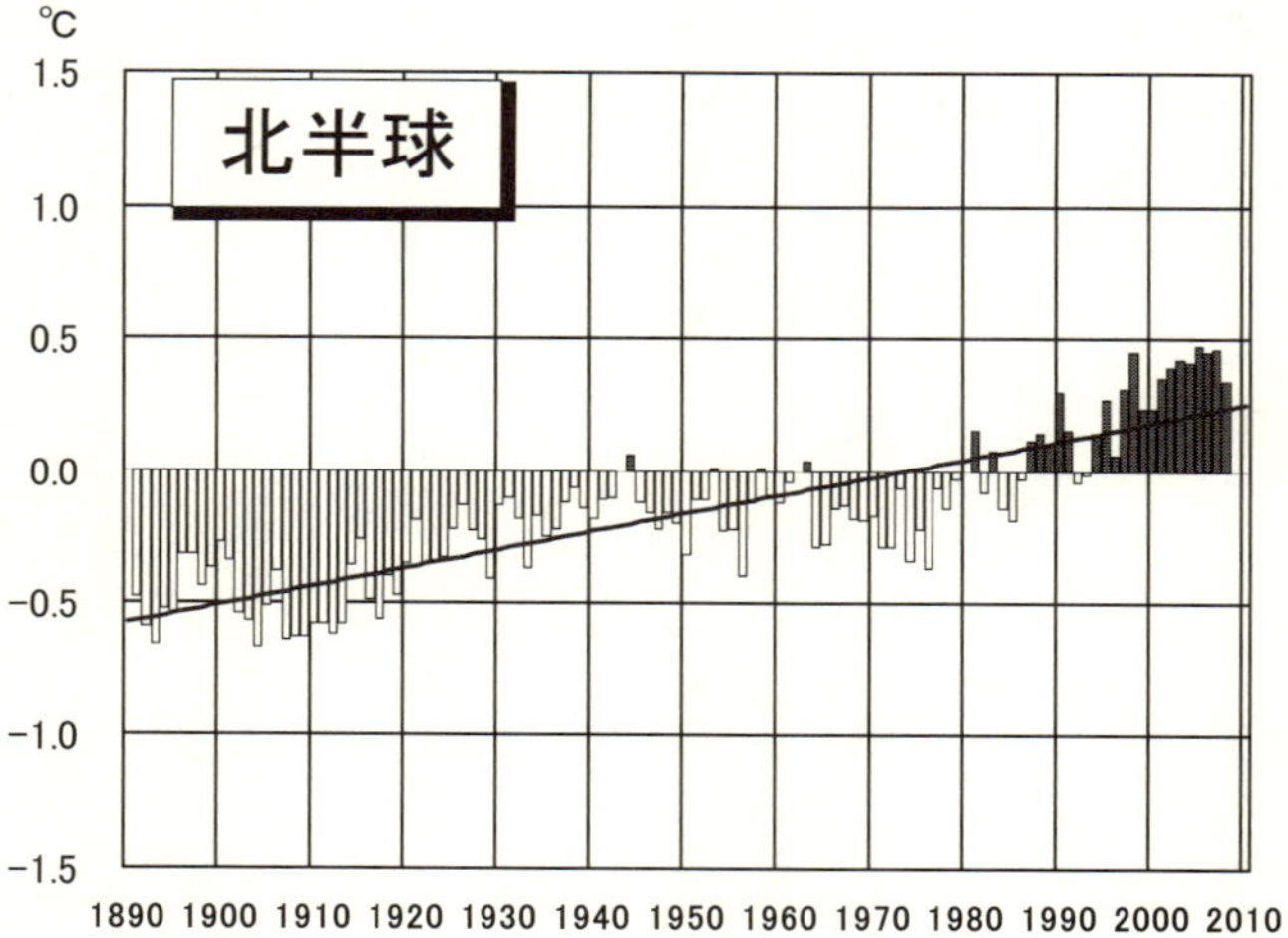

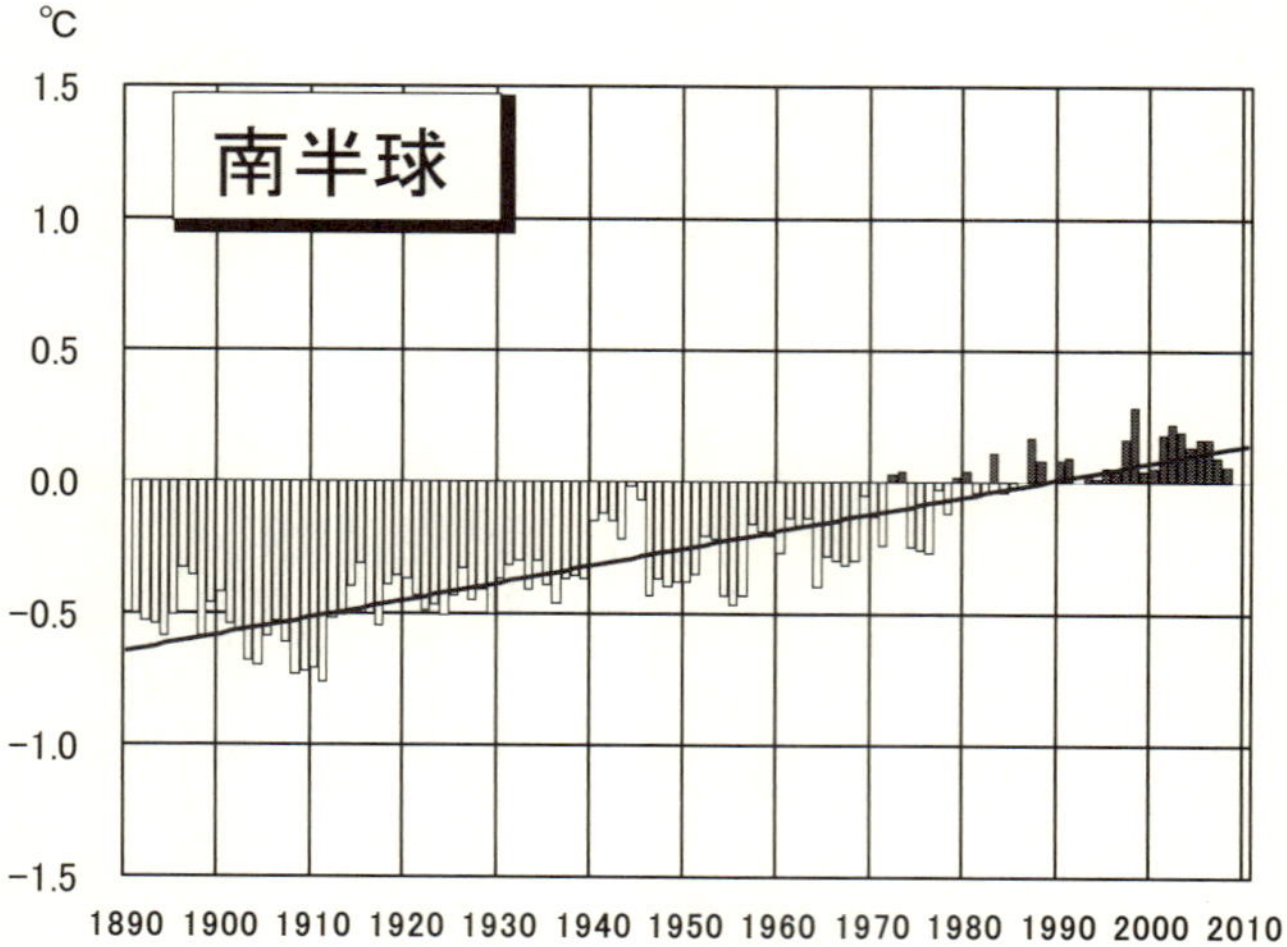

【図４】年平均地上気温の平年差の経年変化
（1890～2008年）

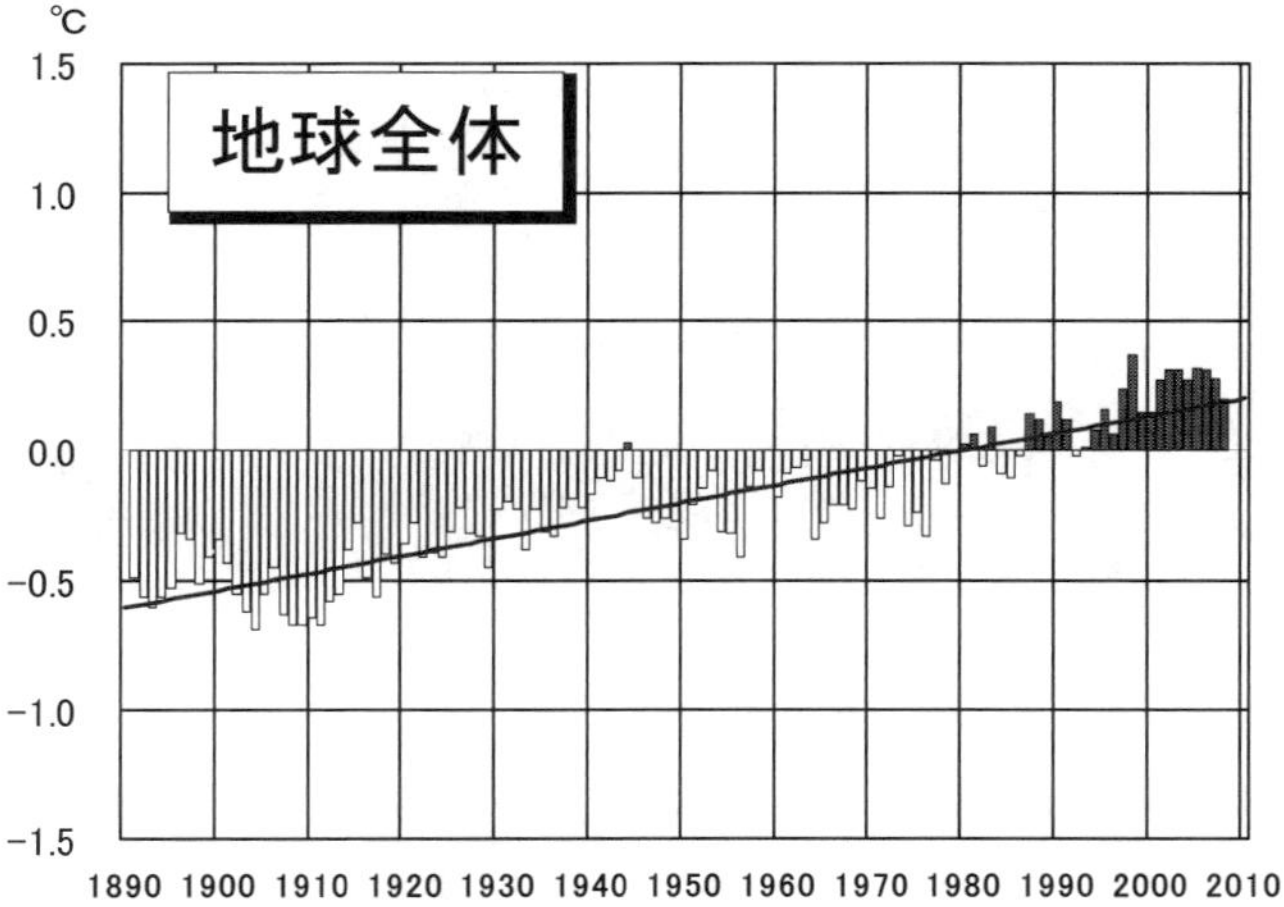

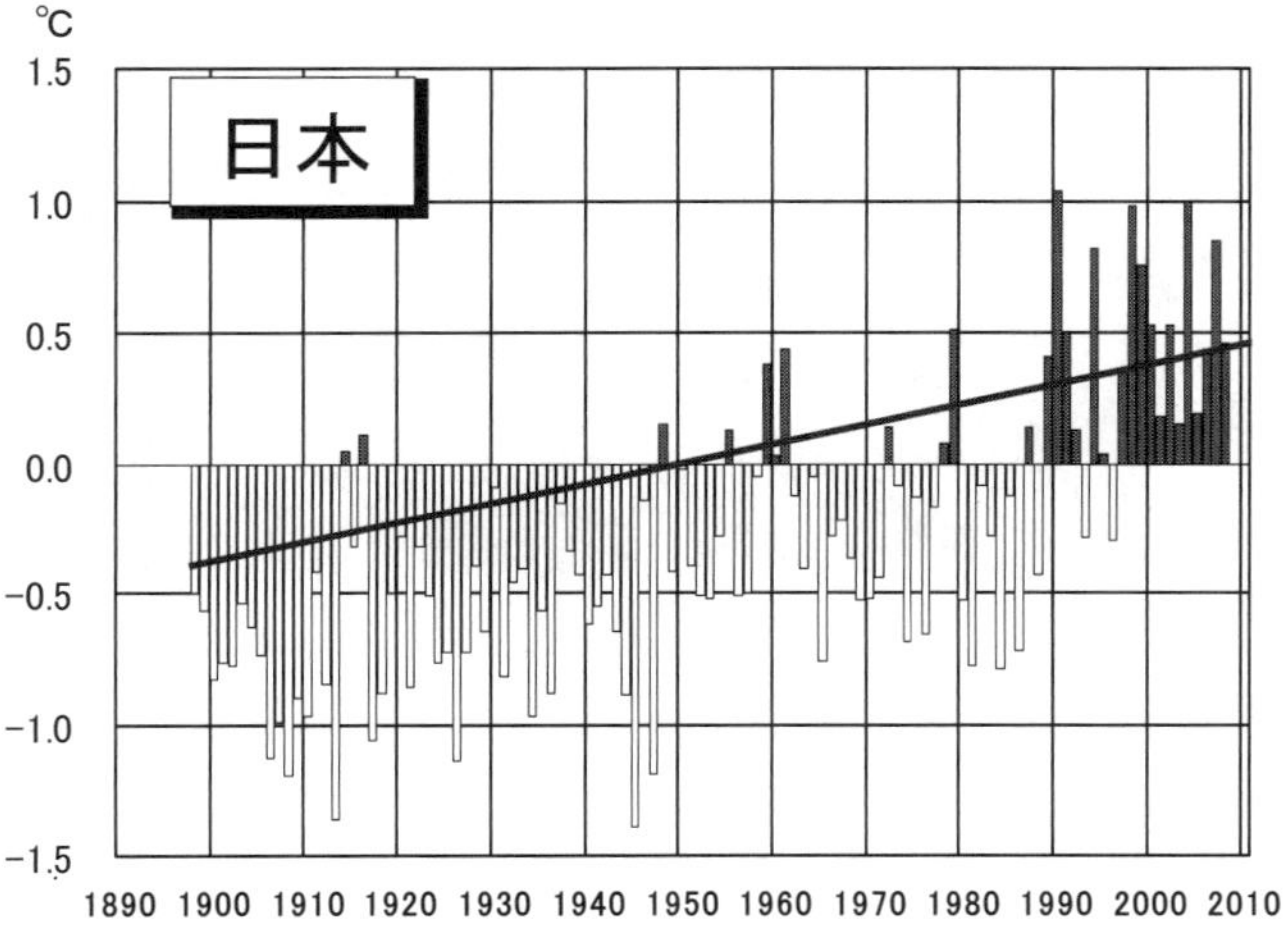

【図5】NASAの人工衛星がとらえた夜間の都市
（2000年）

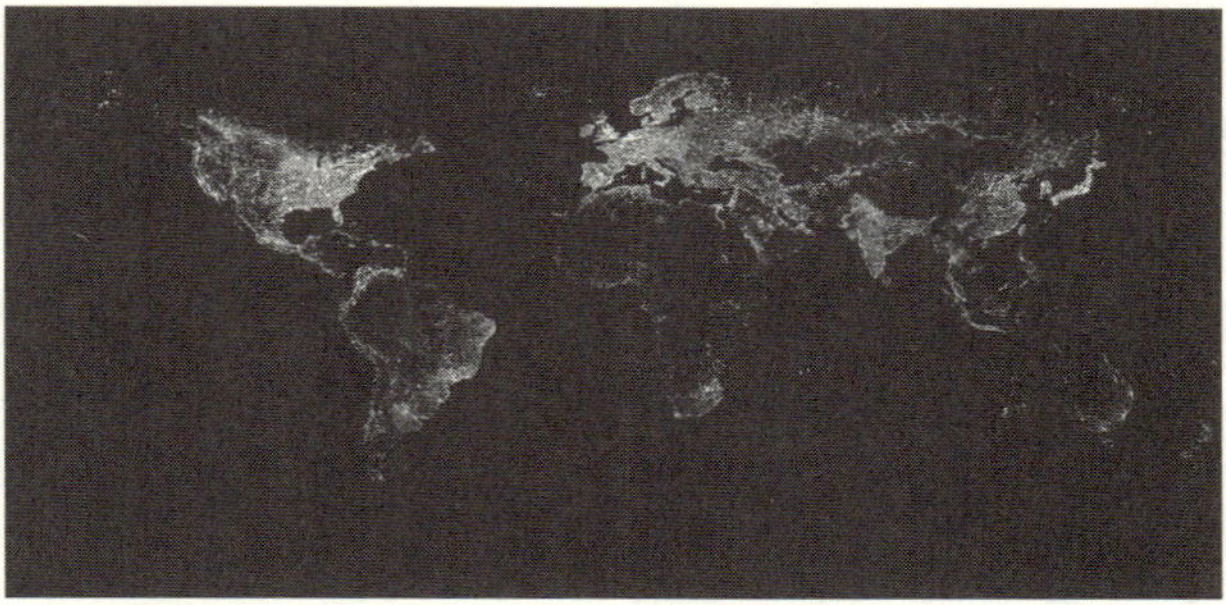

日本周辺のクローズアップ

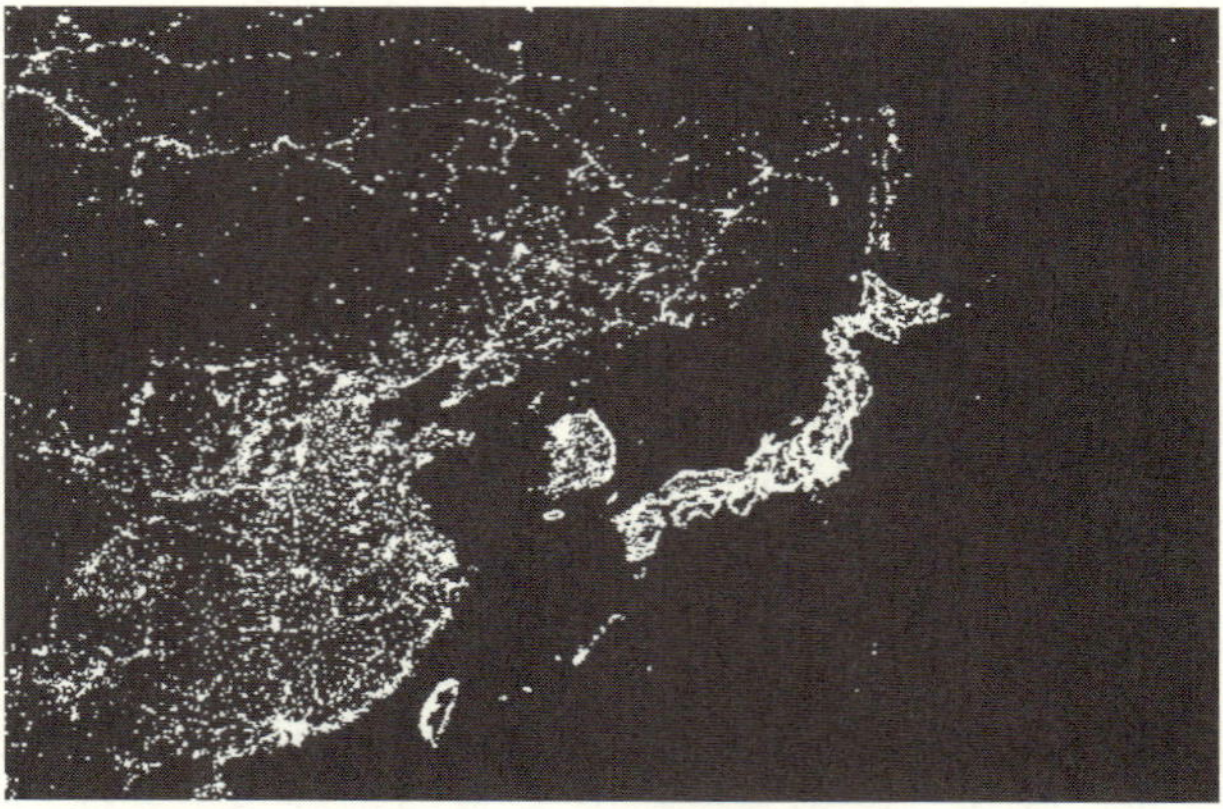

夜中にも、日本は異常に明るく、北朝鮮は真っ暗である。（NASA）

ビニールハウスの内部で一ヶ所だけが温まったり冷えたりすることがありますか。CO_2が、国境線を見ながら日本だけを狙《ねら》って温度を異常に上げ、にっくき北朝鮮を冷し、軍事境界線から南の韓国を温めているのです、と言えば、誰でも笑い出す。日本では、排熱が直接この国を温めているから異常に気温が上昇するのである。CO_2よりはるかに深刻なこのヒートアイランドについては、第二章でくわしく説明する。

そして、なんと世界中の気温測定が、アメリカほどの先進国でさえ建物から至近の距離で測定したり、デタラメであることが、最近になって続々と報告され始めた。過去一〇〇年で〇・七℃の気温上昇に目をむいているというのに、誤差が一℃以下の温度データは、実に一〇%しかない。ストーブの煙突やエアコンの排気口の前に測候所の温度計が設置されていたのだ。二〇〇一年のIPCC報告書の起草者の一人だったアラバマ大学の著名な気象学者ジョン・クリスティ教授は、「気象衛星から何百万というデータを集めて解析すると、地球温暖化を示す兆候はまずまったくない」、「IPCCが気温データを集めた世界各地の気象測候所では、エアコンの前で測定したり、ジェット機の噴射を浴びる場所に温度計が置かれており、デタラメだらけである」と、二〇〇九年来たびたび発言し、アメリカ議会で証拠写真を示して証言してきた。その言葉が、クライメートゲート事件によって、メディアでようやく脚光を浴びるようになったのが、二〇一〇年である。クライメートゲート事件？　おぞましい世紀の温暖化スキャンダルとは何か。

クライメートゲート事件

二〇〇九年一一月二四日の〝ニューヨーク・タイムズ〟に、ＩＰＣＣの聖書となったアルバート・ゴアの著書『不都合な真実』を積み上げて、次々と暖炉にくべて暖をとる夫婦の姿が漫画に描かれた【図6】。アメリカの漫画家は、総じてCO_2温暖化説の信奉者なので、何を意味しているのか初めは分からなかった。「アル・ゴアはいまだに人為的な地球温暖化は本当だと言い張っている」とテレビの女性キャスターが揶揄《やゆ》する漫画まで、次々に出るのは奇妙であった。また、鳩山由紀夫らしき日本兵が鉄砲を握って「私は第二次世界大戦で、まだ戦っている最後の日本兵だ」と言えば、「ちょっと忠告したいんだが、気候変動は嘘《うそ》だよ。ここは寒いぜ」と諭《さと》す漫画も出た。日本の総理大臣が世界中で笑い物になっている図である。何が起こったのだろうか。

【図6】“ニューヨーク・タイムズ”に掲載されたクライメートゲート事件の漫画

「E メールの交信記録から、地球温暖化論が詐欺だったことが暴露された」という新聞記事を読み、アル・ゴアの著書『不都合な真実』を積み上げ、これを暖炉にくべて暖をとる。2010 Glenn & Gary McCoy. Distributed by Universal Uclick, November 24th 2009.

二〇〇九年一一月一七日、イギリスのイーストアングリア大学にある気候研究ユニット(Climate Research Unit——CRU)のサーバーから、交信メール一〇七三件と、文書三八〇〇点がアメリカの複数のブログサイトに流出し、世界中が驚愕《きょうがく》する「気温データの捏造《ねつぞう》」という世紀のスキャンダルが発覚したのである。日本では無報道に近いが、年が明けた二〇一〇年二月には、一〇〇年ぶりという記録的な大雪に見舞われて震え上がるワシントンの議事堂前にエスキモーの雪の家が作られ、「アル・ゴアの新居」と書いた看板が立てられた。欧米のメディアは、「灼熱《しやくねつ》のペテンが破綻《はたん》する」〃ワシントン・タイムズ〃、「気候変動を論ずる学者グループは、今やまったく支持されていない」〃ウォールストリート・ジャーナル〃、「気候の〃同意〃が崩壊」〃ニューヨーク・ポスト〃と、IPCCがおこなってきた悪質な気温データの捏造を次々と暴き出した。

日本の科学誌「化学」二〇一〇年三月号と五月号で、東京大学の渡辺正教授が詳細にこの事件を解析しているので、図書館で読まれたい。事件の要点を記す。気温データの捏造を指令してきたこのCRUという機関は、単なるイギリスのグループではなく、気候変動の研究に従事する世界的な学者たちの司令塔であり、NASAのゴダード宇宙研究所と共に世界中のデータを集めて解析してきた。つまりCO_2温暖化説を広めてきたIPCCの理論とデータが、巨大な科学的「嘘」によって作られていたことが明らかになったのだ。それで、かつてニクソン大統領が辞任に追いこまれたウォーターゲート事件と気候（クライメート）をもじって、「クライメートゲート（Climategate）」と呼ばれるようになった。このスキャンダル発覚で重要なことは、アメリカのメディアが自ら反省しているように、「氷河は実際に融けていない」、「気温の予測は外れて、しかもデータは証拠不十分なものばかり」、「ここ一〇年気温は上がっていない」、「コンピューター・モデルは自分の好きなように予測データを強調している」という山のような事実があったにもかかわらず、「メディアはこうした批判を長い間にわたって無視してきた。しかし今や、われわれは、これらの批判に追いついた」ということである。ところが、日本のメディアは、北海道新聞を除けば、はるか後方にあって、追いかける気配さえない。

ここで暴露された気温データ捏造に関わる悪質問題メールの交信者二七人のうち実に一九人が、ＩＰＣＣ報告書『自然科学的根拠』分冊の執筆者と編集者であった。しかも報告書の実質的な執筆者は数十人で、それをもとに、ひと握り（二、三人）の米英の英語圏のリーダー格が最終原稿を書き上げ、それを全世界が信じこまされてきた。この親分が詐欺師であったのだ。

CO_2温暖化説の最強の根拠となってきたのは、ホッケー・スティックと呼ばれるグラフである【図７】。グラフの形が、ホッケーのスティックに似ているので、そう呼ばれた。一

【図７】「ホッケー・スティック」と呼ばれる過去1000年間の地球気温の変化

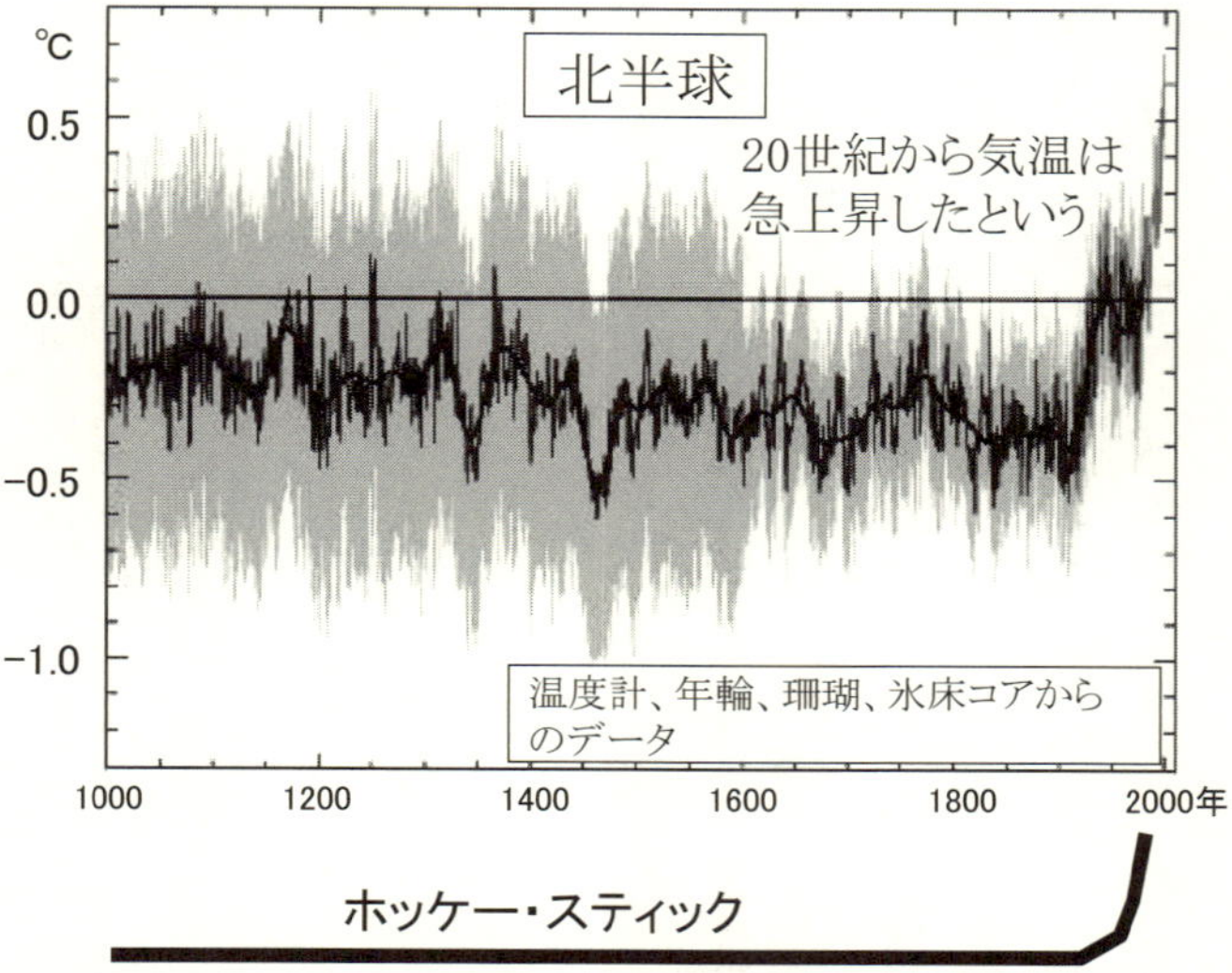

2001年１月の IPCC 第３次評価報告書の掲載図。「人為的 CO_2温暖化の決定的証拠」として大々的に宣伝されたグラフ。その後、各界から大きな批判を受けて2007年の第４次評価報告書で削除され、現在は捏造されたことが明らかになった。

九九八年四月二三日発刊のイギリスの科学誌「ネイチャー」に、いずれも気候学者であるマサチュセッツ大学（のちペンシルヴァニア大学）のマイケル・マン、マサチュセッツ大学のレイモンド・ブラッドレー、アリゾナ大学のマルコム・ヒューズが、「過去六世紀にわたる地球規模の気温の傾向と気候強制」と題して発表した最初の論文が第一弾であった。さらに三人は、翌一九九九年に四〇〇年分のデータを加えて、過去一〇〇〇年の気温変化として発表した。その図は一目瞭然《いちもくりようぜん》、気温は二〇世紀に入ってから急上昇していることを「証明」していた。これが、CO_2温暖化説を主張するＩＰＣＣによって恰好《かつこう》の「証拠」として採用され、国連の世界気象機関（ＷＭＯ）から発表されて、一気に「二〇世紀温暖化説」が世界中のメディアを席捲《せつけん》し、二〇〇一年一月のＩＰＣＣ第三次評価報告書で六ヶ所に掲載され、「人為的CO_2温暖化の決定的証拠」となり、最重要の論考として高い評価を与えられた。クライメートゲート事件とは、このグラフが捏造だったという抱腹絶倒の物語である。

もともとこのグラフがデタラメであることは、発表当初から私には分っていた。これから事実をくわしく紹介するが、私は子供時代から考古学者になりたかったので、若い頃に読んだすぐれた書籍から地球の歴史をそれなりに知っていた。それら書物は、数えきれないほどの探検家、考古学者、物理学者、生物学者、地質学者、天文学者、文化人類学者たちち、先人の血と汗の結晶として、中世の温暖期やその後の小氷期という歴史的事実を明らかにしていた。ホッケー・スティックがわずか一枚の紙切れでそれを全否定したのだから驚いた。

しかし私はこの時、誤ったCO_2仮説を信ずるヨーロッパ人、特にドイツの自然保護運動家たちが、人類のエネルギー消費量削減をめざして具体的に取り組み、放射能を出す原発も徹底的に攻撃していたので、その言動に対してまったく異論はなく、同じ目的地をめざして歩んでゆけると思い、CO_2温暖化説が蔓延《まんえん》しても軽視してきた。その私の判断が、大間違いであった。

犯罪摘発の原理を考えてみればよい。二酸化炭素の冤罪《えんざい》事件であれば、凶器を持った真犯人が逃げおおせるという危ないことになる。今の人類は、ＮＨＫを筆頭とするテレビ番組、テレビコマーシャルが示す通り、CO_2を減らせば環境を守れるという幼稚園児レベルの知能しかない。ヒートアイランド、原発の放射能災害、発電所の温排水、砂漠化、野生生物危機、大気汚染、水質汚染、酸性雨、熱帯雨林の破壊、遺伝子組み換え食品、環境ホルモン、食品添加物、農薬、ダイオキシン汚染、増え続けるゴミ、大地震の脅威、戦争など、ありとあらゆる環境破壊と毒物生産を放任して、すべて無実のCO_2にその罪をなすりつけ、人類が大規模な環境破壊に踏み出し始めた。

【図8】IPCC第1次評価報告書に掲載された過去1000年間の地球気温の変化

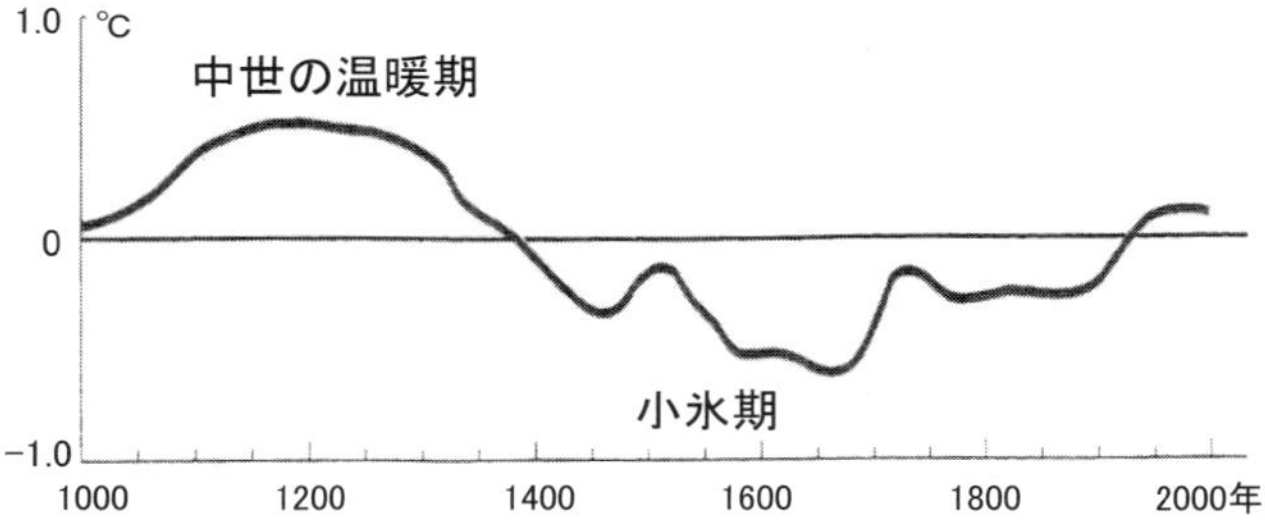

探検家、考古学者、物理学者、生物学者、地理学者、天文学者、文化人類学者たちの誰もが知る「中世の温暖期」と「小氷期」は、20年前の1990年当時のIPCCの報告書では、このように明示されていた。中世は、現在よりはるかに気温が高かった。

二〇年前、一九九〇年のIPCC第一次評価報告書に掲載された過去一〇〇〇年の気温グラフは【図8】であり、この気温変化が、ほかのどの書物にも出ている正しいものである。【図7】のホッケー・スティックとまるで違うことは、誰が見ても分る。【図8】の通り、中世には「二〇世紀よりもはるかに気温が高い」温暖期があり、そのあと小氷期が襲って気温が下がり、その後、人類がまだCO_2をほとんど出さない一九世紀つまり一八〇〇年代初めから半ばにかけて自然に気温が上がり始めたことは、考古学者、文化人類学者、天文学者が知っている長い間の常識であった。マイケル・マンたちは、あろうことかこの山

【図9】暴露された1999年11月16日のEメール

宛て名は　ホッケー・スティックのグラフを報告した三人の気候学者
Raymond Bradley, Michael Mann and Malcolm Hughes　の愛称

Dear Ray, Mike and Malcolm,
Once Tim's got a diagram here we'll send that either later today or first thing tomorrow.
I've just completed Mike's *Nature* trick of adding in the real temps to each series for the last 20 years (ie from 1981 onwards) and from 1961 for Keith's to hide the decline. Mike's series got the annual land and marine values while the other two got April-Sept for NH land N of 20N. The latter two are real for 1999, while the estimate for 1999 for NH combined is +0.44C wrt 61-90. The Global estimate for 1999 with data through Oct is +0.35C cf. 0.57 for 1998.
Thanks for the comments, Ray.

Cheers
Phil

世界中のインターネットに、このように世界中をだました「トリック」の成功を喜び合うメールが流出し、IPCCの権威フィル・ジョーンズ（Phil Jones）が、このメールを書いたことを認め、データの捏造が判明した。

と谷を消してしまい、平らに削ってスティックの真っ直ぐな握り棒に変えて、最後の部分だけが「異常な気温上昇だ」と叫び始めたのだ。世界中がそれを信じたのだから、新興宗教まがいの科学崩壊のおそろしさはここにある。

そのトリックについて「うまくだました」とはしゃぐメールが大量に流出し、当人たちがそれを認めたのが、クライメートゲート事件であった。IPCC司令塔CRUの所長フィル・ジョーンズが、ホッケー・スティック発表直後、そのグラフ作成者三人に宛《あ》てたメールの一つが【図9】である。「マイケル・マンのトリックを完成した」と書いている。

トリックの実例を見よう。日本の気象庁に相当するニュージーランドのＮＩＷＡＲは、ＩＰＣＣ第四次評価報告書を執筆した権威の一つだが、これまで【図10】のグラフを公表してきた。本書冒頭に示した【図2】と同じように、過去一五六年間の気温は、二〇世紀に入ってから一直線の上昇を示している。地元の科学者たちが、スキャンダル発覚後にオリジナル・データを調べたところ、実際の数値は【図11】であり、気温は上下に変動しているだけで、まったく上昇していなかった。グラフがどうして右肩上がりになったかと言えば、このニュージーランド気象庁は、過去の温度を「調整した」のだという。つまり【図12】のように、左端のオークランドから始まる七ヶ所の測候所の気温が、矢印分だけ調整されていた。気温とは、測定したあと、猿知恵を働かせて調整するものらしい。上昇している六ヶ所における一〇〇年間の調整分を、オリジナル・データから私が計算してみると、平均〇・七一℃も引き上げられていた。現在までＩＰＣＣは、「一〇〇年間で地球は〇・七℃も気温が上昇した」と騒いできたのに、オリジナル・データを〇・七一℃引き上げていたのだ。なんと、「人為起源の温暖化」とは、人為起源の温室効果ガスCO_2のこと

【図10】ニュージーランドで公表されてきた過去156年間の公式の温度変化

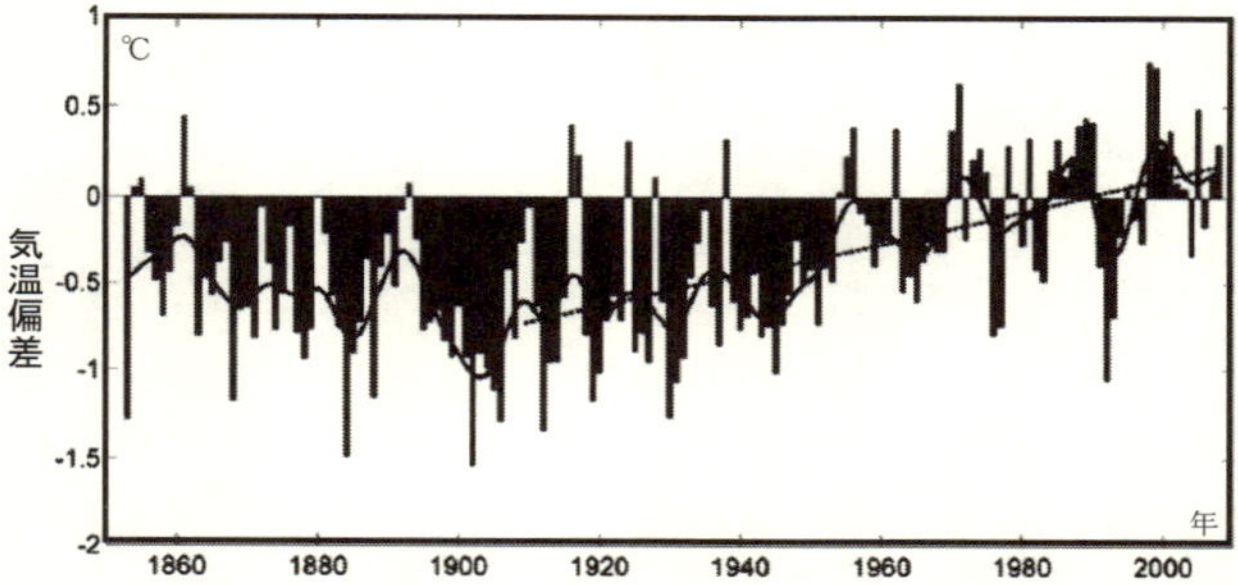

ニュージーランドの気象庁にあたる New Zealand's National Institute of Water & Atmospheric Research (NIWAR)による。この NIWAR が IPCC 第4次評価報告書を執筆してきた。

【図11】オリジナル・データを使って描いたニュージーランドの同時期の温度変化

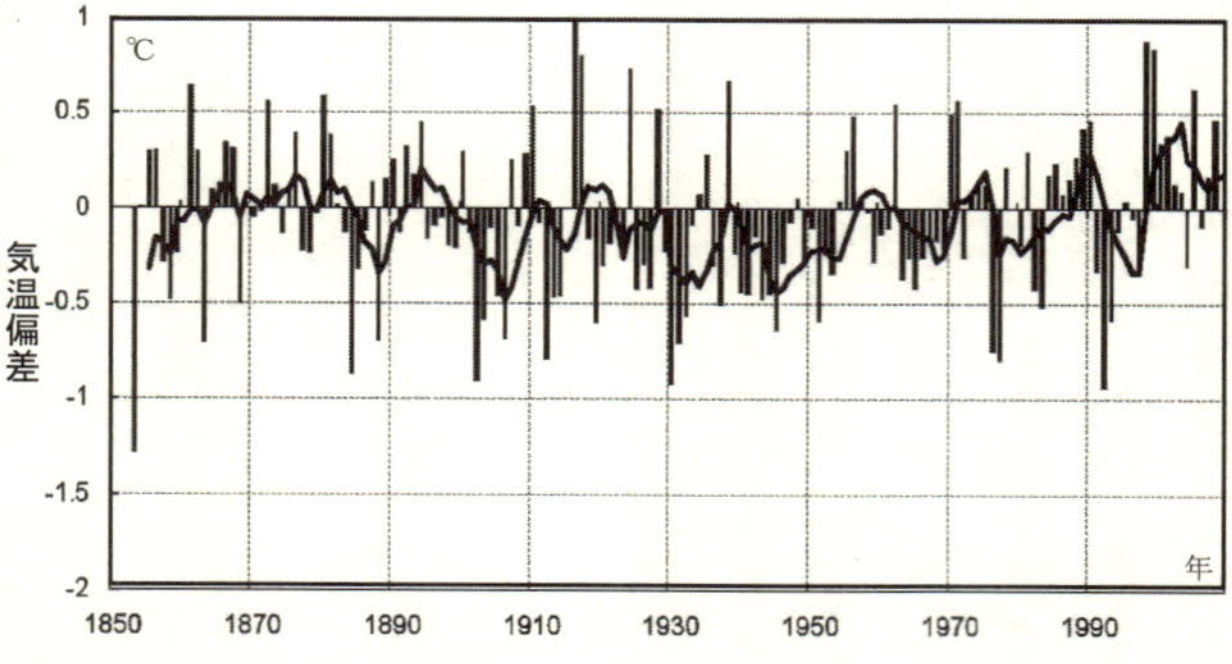

実際には、過去150年間に気温は上下動しているだけで、まったく上昇の傾向が認められない。

【図12】ニュージーランドの気温変化を「調整した」温度差（過去100年間）

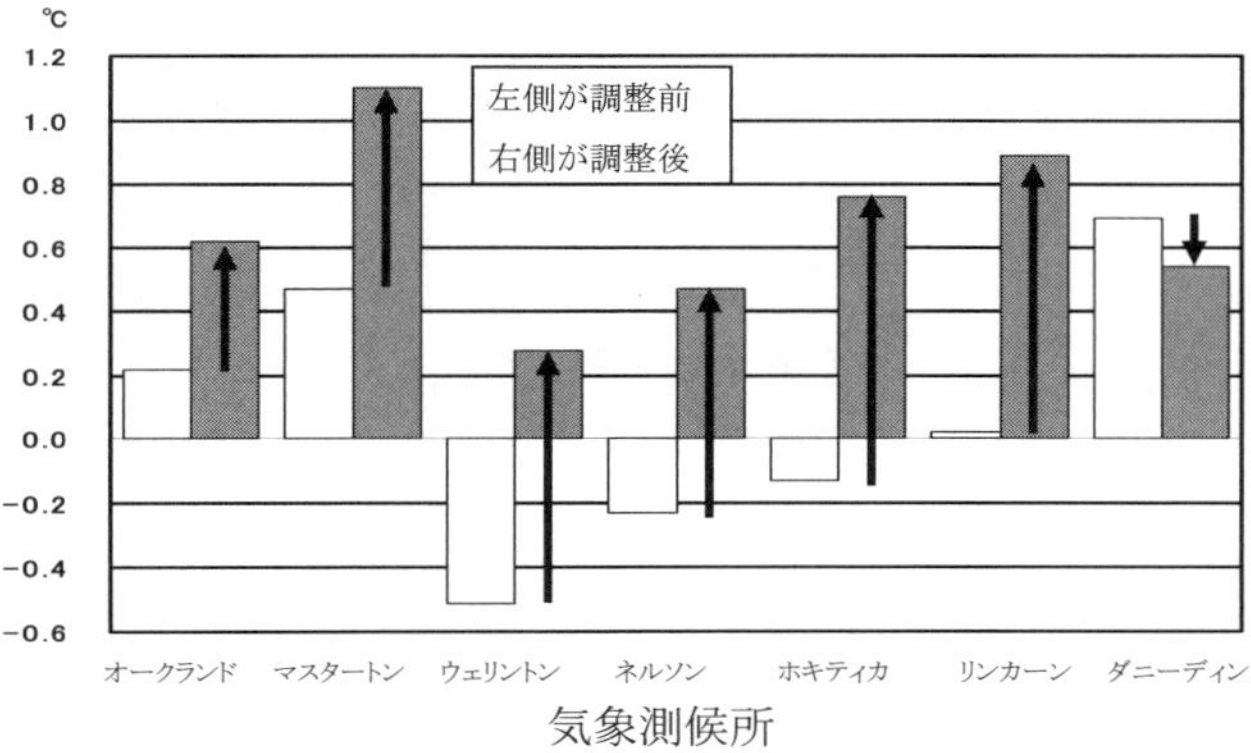

オリジナル・データを理由もなく矢印分だけ「調整」し、右端のダニーディンを除いて、平均0.71℃も引き上げられていた。この高い温度上昇データがIPCCで使われてきた。

ではなく、「人為的なデータの書き換え」が原因であった。

ニュージーランドだけでなく、続いてオーストラリアでも「長期記録の四〇%近くはヒートアイランドの起こっている大都市の温度」を採用していたことが発覚した。みな、旧大英帝国グループだ。北欧では、IPCC報告書に使われた「実測値」が存在しない捏造データであることが明らかにされた。ロシアでは、「上昇した気温データだけ」が使われ、それを除く七五%の気温データが削除されていた。正しくこれらの全データでグラフを描いてみると、二〇世紀後半のソ連・ロシアの気温は、ニュージーランドと同様に、上下動しているだけで、気温上昇は起こっていなかった。

そしてついに二〇一〇年二月一三日には、問題のメールを書いた張本人フィル・ジョーンズが、イギリスBBC放送の質問に答え、「中世に地球規模の温暖期があったなら、二〇世紀後半の温暖化は異常ではない」と認めた。ホッケー・スティック図は、この事件の前から世界中の科学者から批判され、二〇〇七年末に出されたIPCCの最新の第四次評価報告書で削除された恥ずべきものである。しかもそこにデータ捏造によるトリックがあったことが明らかになった現在、IPCCがくり返し語ってきた「今日の気温は近代産業による明確な結果だ」という主張が完全に崩壊したわけである。しかもジョーンズは、「過去一五年にわたって、統計的に有意な温暖化は起こっていない」とも認め、こうした山のような事実の前に所長辞任に追いこまれた。メール交信で不正が明らかになったIPCCの自称「学者」たちは、メディアに追及されても主張の論拠となった科学的データを出さないため、各国のメディアに怒りが広がり、ますます信頼が失われている。

二〇〇九年一二月七日からデンマークのコペンハーゲンで開催された「温暖化に対する

国際的枠組みを決める国際会議」COP15は、ヨーロッパが猛烈な寒気に襲われて凍死者が続出するなか、それをしのぐ暖房で地球を熱しながら会議を開いて、スキャンダルが発覚して大騒動となり、デンマークのCOP担当大臣が辞任に追いこまれ、鳩山由紀夫は物笑いの種にされ、何も決められずに散会した。二〇一〇年一月にはIPCC議長のラジェンドラ・パチャウリが、温室効果ガスの排出権取引きで莫大な利益を得ている銀行の顧問をつとめていただけでなく、この取引きで多国籍企業とエネルギー業界が生み出す資金を、パチャウリ自身が理事長・所長をつとめる「エネルギー資源研究所」に振り込ませていた醜悪な人間であることが発覚した。この温室効果ガスの排出権取引きとは、「金持はCO_2をたくさん出していい」という馬鹿げた「地球を愛する」ルールなのである。

温暖化と海水面上昇が深刻に議論されている時代である。オランダは国土のうち海水面より低い部分（海抜下）の面積が二六%あるので深刻だと言われてきた。そこでオランダ政府がこの正しいデータをIPCCに提供していた。ところが、IPCCの第四次評価報告書では編集過程で、二六%が五五%の二倍に水増しされていたことが発覚し、オランダ政府がIPCCに訂正を求め、このような「嘘が書かれた経過」の説明を要求した。そして二月一八日には、ＩＰＣＣを仕切る国連気候変動枠組条約のトップであるイヴォ・デブア事務局長が辞任を表明したが、彼はオランダ人である。

ＩＰＣＣとは、自分たちがもの言えば世界中が動く、と信じてきた天動説の集団だったのである。しかし正しく地動説に従って日本をのぞく世界中のメディアが動き出すと、狸《たぬき》の尻尾《しっぽ》が見え、化けの皮がはがれて、冥王星《めいおうせい》と同じように「惑星ではない」と断定され、今では六等星の輝きもない。

哀れな末路をたどったこの人間たちのことは、どうでもよい。私が読者に尋ねたいのは、このように欧米で深刻な報道の洪水が続いて、もはやまともな人間の誰もCO_2温暖化説を信じていないことを、ご存知だろうか、ということである。日本に報道機関はあるのだろうか、という末期的な疑問なのである。クライメートゲート・スキャンダル渦中で、それを覆い隠すバンクーバー・オリンピックが開催され、それにはしゃぐのが報道の姿だった。滑稽《こっけい》なのは、世紀のスキャンダルに口をつぐんで、「あしたのエコでは遅すぎる」とくり返すＮＨＫを筆頭とする日本のメディアの知性である。彼らが「地球を愛していない」偽善者であることだけは断言できる。民主党内閣が、温室効果ガス削減を謳《うた》って、地球温暖化対策基本法の制定に向かって動き出し、大量の排熱を出す原発の増設に猛進しようとしてきた。この内閣の知性が世界中で失笑を買った通り、日本は孤島となっているのだ。日本人全体が、この「考えない葦」メディアと政治家のため、無知という名の島に置き去りにされている。インターネットは、本当に発達したのか。インターネット辞書として多用されている Wikipedia が、CO_2温暖化説の広告塔だったことも、現在では強く批判を浴びている。地球科学の事実を知るために、大半の読者はインターネットが必要だと思っているだろうが、それも思い違いであることを、過去の資料から実証してゆこう。

科学が明らかにした地球の気温変化

事件を離れ、冷静に本来の科学を考えよう。地球の気温上昇は、CO_2温暖化説の原理を図解すると、【図13】のようになる。太陽から地球に光と紫外線が降り注ぎ、地球から反射される赤外線（熱）が宇宙に逃げてくれる。その地球を二酸化炭素やメタンガスが厚く包むと、その分子が熱を吸収しやすく、そこから地球に向かって赤外線を放射するために、地球表面はこの赤外線を吸収して温度が上昇し、冷えにくくなる。そしてビニールハウス

【図13】温室効果の原理

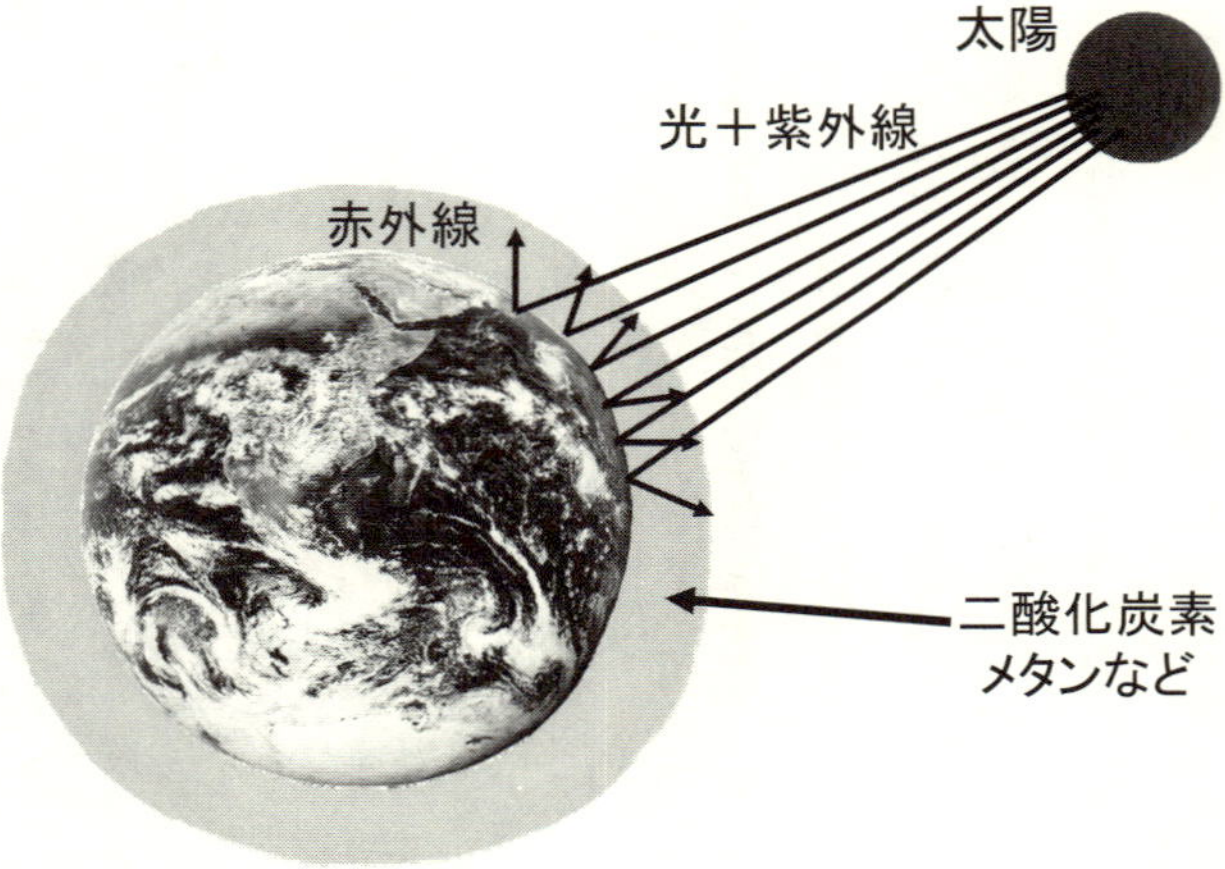

模式図。温室効果は、熱が宇宙に逃げずに、ビニールハウスにとじこめられるという意味。英語では greenhouse effect と呼ばれる。

と同じ温室効果が起こり、温暖化するという「仮説」である。

のちに述べるが、温室効果ガスには、CO_2やメタンだけではなく、最大の影響を与える水蒸気があり、IPCCはこの水蒸気を無視している。

この奇想天外のIPCC仮説に対して、近年の地球の気温上昇は「地球本来の自然な変化にすぎない」という事実を証明する数々の科学がある。寒冷化した時代を私たちは「氷河期」と呼ぶが、氷河は氷が流れる河のことである。寒冷化時代には、氷河だけでなく、流れない巨大な氷つまり氷床が陸土と海を覆ったので、正しくは「氷期」（英語で ice age）であり、氷期が終ったあとの温暖期は間氷期である。しかし本書では、氷期＝氷河期として用いる。さて、約七〇〇〇年前から四〇〇〇年前にかけて、地球は最終氷期を終え、気候の最も温暖な時期を迎えた。そのため地球をおおっていた氷が融けて、地球全体が複雑な地形変動を起こしながら、海面が現在より数メートルから一〇メートルほど上昇したことが分っている。日本でも現在よりずっと気温が高く、海面が現在より最大三～五メートルほど高かったことが、各地の考古学的調査で分っている。この海面が高くなったピーク時期が、日本では六五〇〇～五五〇〇年前の縄文時代なので、考古学では縄文海進《かいしん》と呼ぶ。これは考古学を好きな人にとって常識の第一歩である。なぜなら、「石炭も石油も使わなかった縄文時代は、現在よりもはるかに温暖な気候だった」ということの事実は、明治一〇年に来日した動物学者エドワード・モースが東京で大森貝塚を発見してから、日本人による関東地方での貝塚発見競争が始まり、【図14】のようにして明らかにされた。つまり栃木県の山奥にまで、海に面した河口に生息する貝の殻があるのはなぜだろうかという不思議を解いて、図のように各地で海が内陸に深く入りこんでいたことが分ったのである。

【図14】貝塚が実証した関東地方の縄文海進

石炭も石油も使わなかった縄文時代は、現在よりはるかに温暖な気候だったため、ここまで海が入り込んでいた。

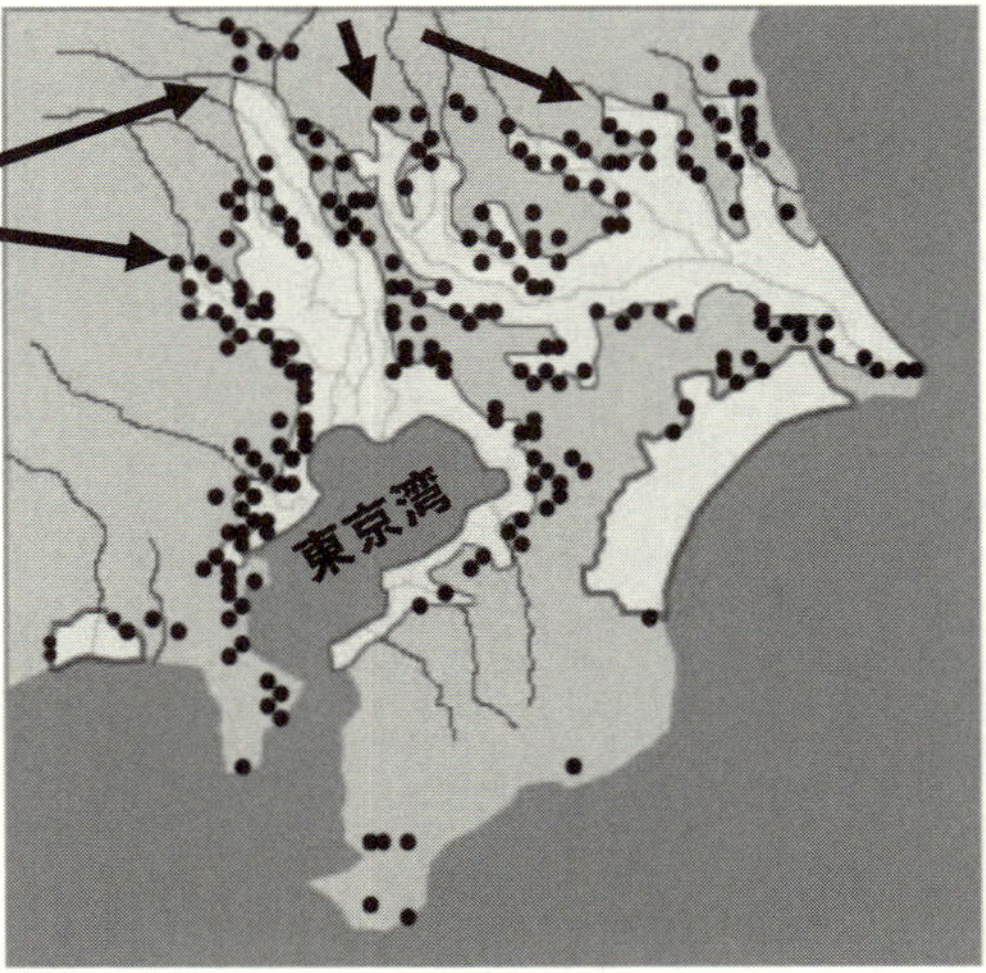

薄い灰色部分までが縄文時代の海。河川の流域と貝塚（●）を地図上に描いてみると、昔の海岸線が明らかになった。図は、江坂輝弥原図などより。

本書では、CO_2温暖化説が出て科学が宗教化する前の、信頼できる書物の冷静な資料をできるだけ引用することにする。【図15】でも【図16】でも、縄文海進時代の気温の高さと、海水面の変化が明確に描かれている。CO_2温暖化説を信じてきた罪のないほとんどの人を私は批判したことがないし、そういう人たちこそ事実を知って、自分の結論を導くべきだと思っているので、私が書くことをそのまま鵜呑《うの》

【図15】後氷期のイギリス中部の７月〜8月の平均気温の変化

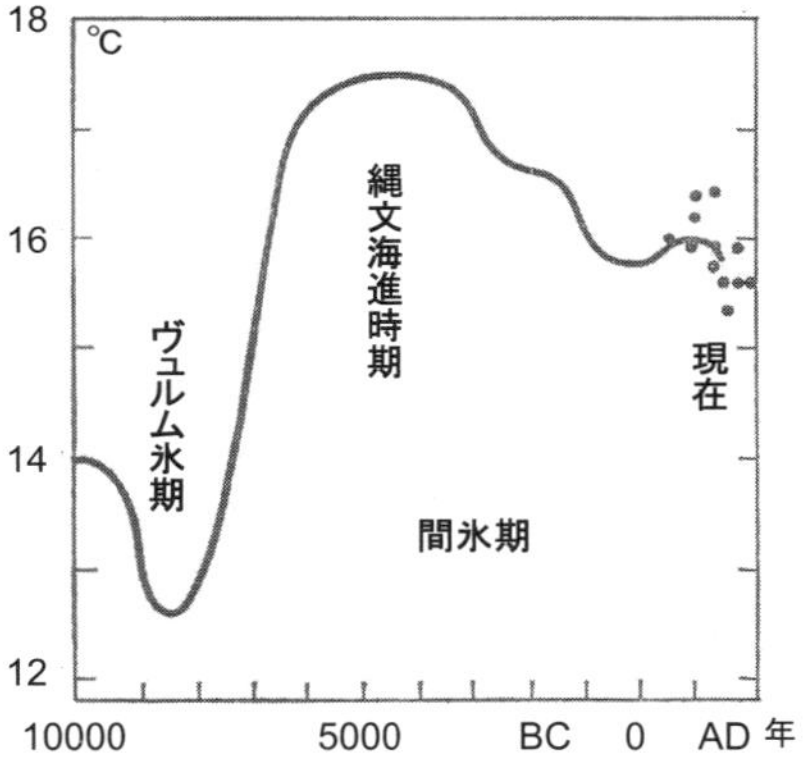

約6000年前に最暖期があり、以後は低下している。『大氷河期　日本人は生き残れるか』日下実男著、朝日ソノラマ、1976年、所載の図（ラムによる）より。

【図16】海水面の変化が示す長期的な気温の変化

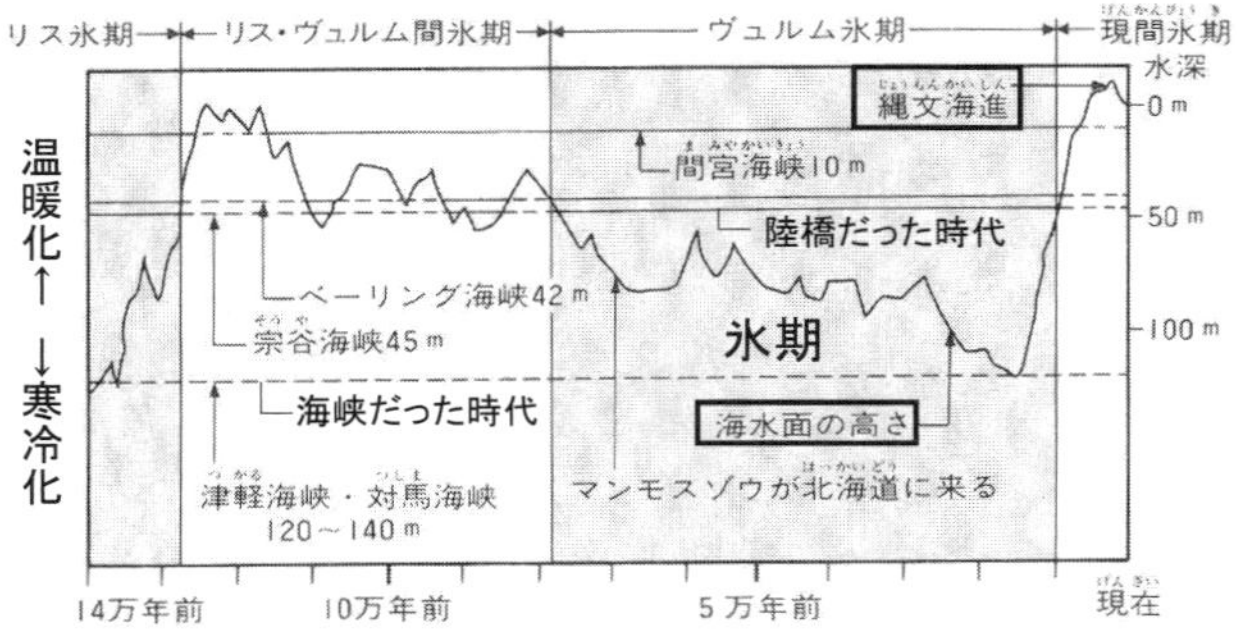

『氷河期の研究　氷河時代の置き手紙』丹治茂雄著、あかね書房、1994年、所載の図より。

みにする人間は嫌いである。読者は、町の図書館で「氷河」で検索すれば、これらの書物が山のように出てくるので、確認されたい。

しかし、IPCCの代弁者である国立環境研究所の江守正多は、放置しがたいので一筆。事実を認めず、必ず途中で話をすり替えて素人を煙《けむ》に巻くような人間なので、ここで紹介しておく。彼は、文部科学省の莫大な公金を使って、IPCCの権威を守ることだけを目的として、『地球温暖化懐疑論批判』と題した、正当な科学の揚げ足取りに満ちた問題の冊子をつくった一人である。この冊子は、副題に「論点をすり替える秘儀の公開」とつけるのがふさわしい、無内容の反論集である。そもそもこの題名が、問題のすり替えの代表的なものである。クライメートゲート事件が発覚するまで、誰も「温暖化に懐疑」など唱えていない。気温上昇の「原因が二酸化炭素だ」とする仮説は、科学的に間違いだと主張し、それを実証してきた。懐疑などという根拠のない話ではなく、多くの科学者が証拠を出して、二酸化炭素説に怒っているのである。

江守のすり替え手法の代表例が、縄文海進である。彼は「日経エコロミー」(二〇〇九年一一月二七日)掲載記事に、「七〇〇〇年前ごろにかけて海面が上昇したのは、氷期が終わって氷床が大量に融けた、つまり地球全体が暖かくなったせいです」と書きながら、その当時の気温が現在よりはるかに高かったという事実を認めていない。そして縄文海進後に海面が下降したのは、地球全体が寒くなって氷床が増えたからではないと、無関係の海面低下の話にすり替えて、いきなり「縄文海進のころは地球が今よりもずっと暖かかったのだから、今の温暖化も異常ではない、というような説明に出会ったときにも、ぜひ注意して頂きたいものです」と、とんでもない結論を書く。この男は、「最終氷期のあとに気温が非常に高かった」という最大の論点である厳然たる事実を知らなかったらしく、あわてて訂正を加えている。さらにクライメートゲート事件で、あろうことかメールを暴露したハッカーを犯罪者だとして、われわれも気をつけようと呼びかけたのだ。

真正な科学に戻ろう。では、氷河期と間氷期（温暖期）はなぜ訪れるか、を考えてみる。

今から一〇〇年ほど前の考古学者たちは、地球上の山々に大昔の氷河の痕跡《こんせき》があることに気づいて、それがいつ頃のものであろうかと、踏査と議論を続けていた。

そこに天才が出現して、その謎《なぞ》を解いてくれたのである。彼が言うには、地球が太陽のまわりを一年かけて一周するので、四季が生まれる。しかし地球はただ単純に太陽のまわ

【図17】地球が太陽のまわりを回る軌道の周期的な変化

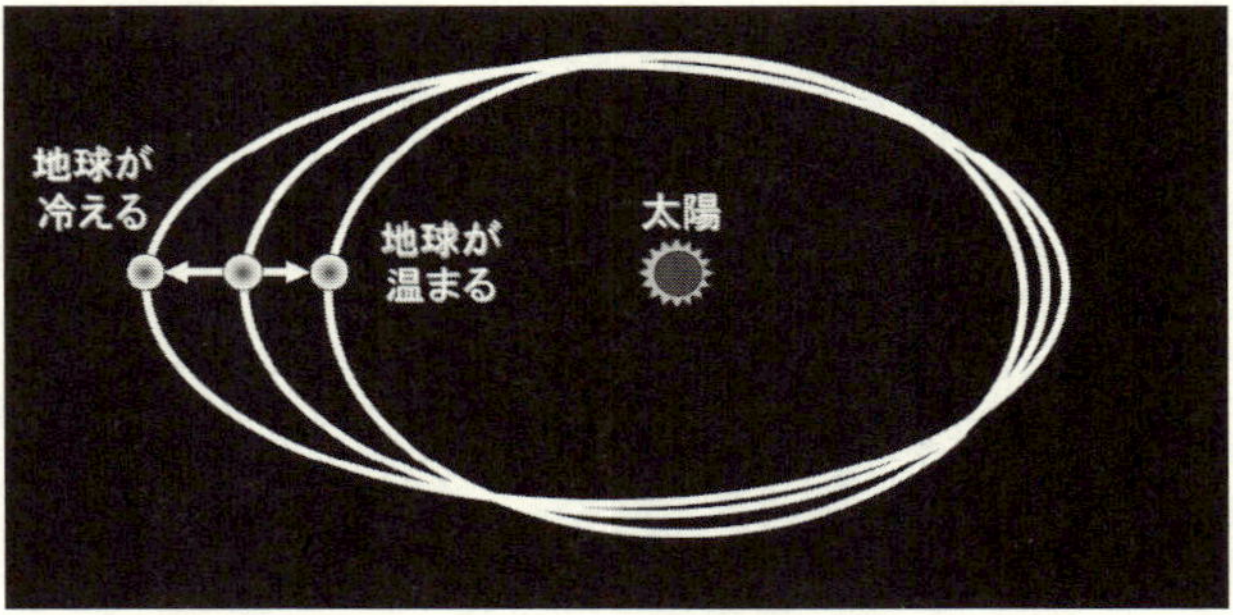

地球の軌道は約10万年の周期で、正円に近づいたり楕円になったりしている。この間、地球と太陽の距離は、1800万 km 以上も変化する。

【図18】地球の地軸の傾きの周期的な変化

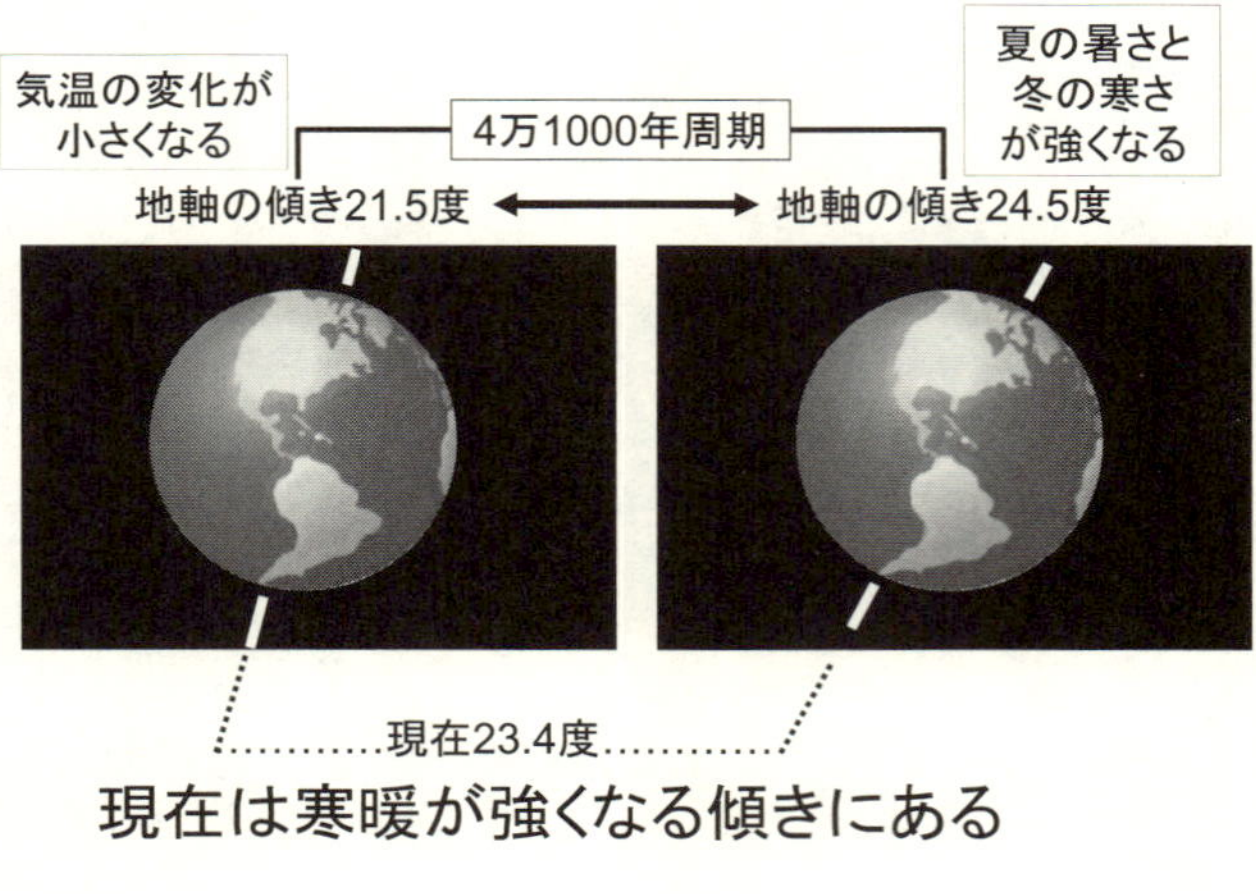

【図19】地軸の歳差運動

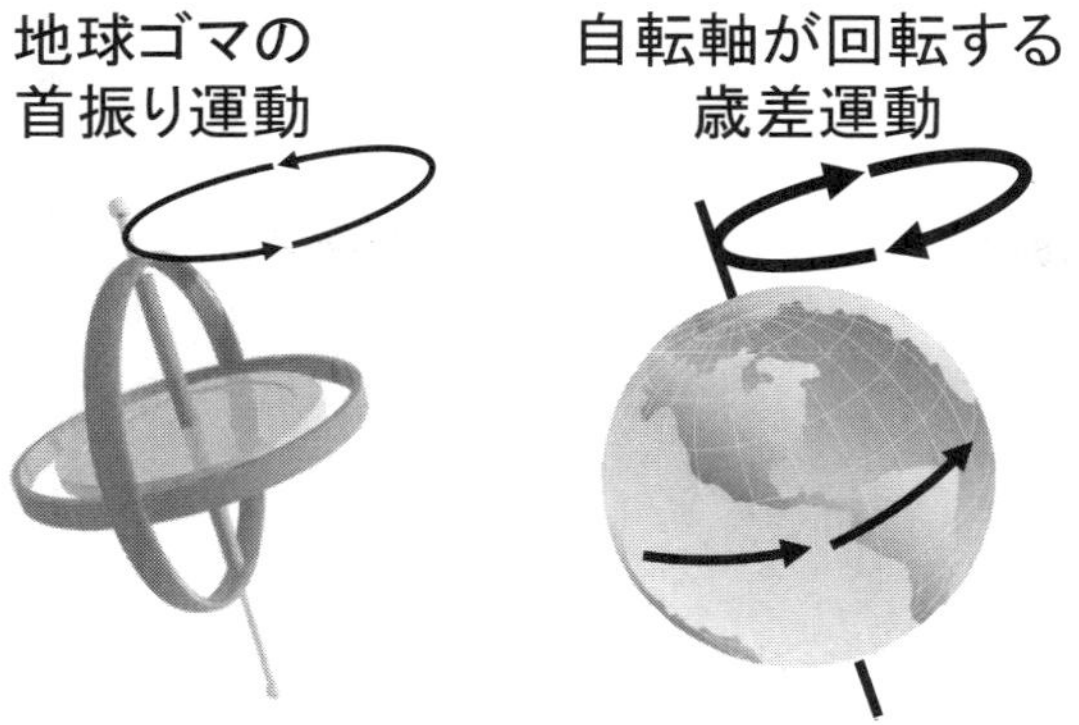

地球は公転しながら、太陽と月の引力のため、地球ゴマが首を振るように約２万5800年かけて自転軸が回る歳差運動をしている。

りを回っているのではない。【図17】のように、地球の軌道は約一〇万年の周期で、正円に近づいたり楕円になったりしている。この間、地球と太陽の距離は、一八〇〇万キロメートル以上も変化するから、地球が太陽に近づけば温暖になり、遠のけば寒くなる。二一世紀現在はかなり太陽に近く、温暖な位置にある。第二に、【図18】のように、地球の地軸は太陽に対して傾いており、四万一〇〇〇年周期で、この傾きが二一・五度〜二四・五度のあいだで行ったり来たりしている。傾きが小さいと地球の気温の変化が小さくなり、傾きが大きいと夏の暑さと冬の寒さが強くなる。現在は二三・四度あるので、寒暖が強くなる傾きにある。第三に、【図19】のように、地軸そのものが回転運動をしている。昔は子供たちがたこ糸を張って地球ゴマで遊んだが、そのコマが首を振るのと同じように、太陽と月から引力を受ける地球は、約二万五八〇〇年かけて自転軸が回る運動をしている。これを歳差《さいさ》運動と呼ぶ。

ユーゴスラビア（セルビア）の地球物理学者で数学者のミルティン・ミランコヴィッチは、この三つの周期的な変化の組み合わせによって、地球に降り注ぐ太陽の日射量が変化し、そのために気候の寒暖の変化が生ずるとして、きわめて高度な計算をおこなった。そして、周期的な寒暖の変化が起こることを明らかにした。ミランコビッチ・サイクルと呼ばれるこの天才の考えは長らく認められなかったが、これが考古学者の推定した氷期年代と合致したため、氷河期の周期理論が確立されたのである。ある時代まではミランコビッチ・サイクルが成り立ち、太陽の日射量と氷河期の成立に大きな相関性のあることを、現在では誰もが認めている。

このように広大な宇宙にある惑星としての地球は、一方で、地球内部のマグマからも、大気と海流からも、さまざまな影響を受ける。いずれも、CO_2とまったく無関係の、昔からある事象である。代表的なものに、エルニーニョとラニーニャがある。自然現象のエルニーニョは、南米沖から日付変更線までの赤道付近の太平洋海域の海水温が平年より二〜四℃ほど高くなり、その状態が半年〜一年半も続く現象で、数年おきに起きる。一九九三年には、エルニーニョのため日本は暖冬で、一〜三月の真冬日が一日しかなかった。そして夏は低温、日照不足、豪雨に見舞われた。この年には、のちに述べる一九九一年のフィリピンのピナツボ火山の噴火も重なって冷害が続き、岩手県では作況指数三〇の大凶作を記録し、全国平均のコメの作況指数は戦後最悪の七四となり、コメ不足のため、国産米の価格高騰やタイ米の緊急輸入などで大騒動を引き起こした。一九九七年春から九八年夏にかけては、過去最大規模のエルニーニョが発生し、全世界で数千人が死亡した。インドネシアでは旱魃《かんばつ》が続き、山火事が相次いだため、煙によって飛行機の運航や都市生活に支障が出た。一九九八年夏は中国や韓国で記録的な大雨となり、中国の大洪水では二億人以上が被災し、多くの犠牲者を出した。日本では集中豪雨が続き、死者・行方不明者は二〇人を超えた。

ラニーニャは逆に、同じ太平洋海域の海水温が低下する現象で、太平洋赤道海域を吹く東風の貿易風が強まり、暖かい海水が西に吹き寄せられるため、東側のペルー沖で水温が下がる。大気の対流活動が活発な海域が変るため、異常気象をもたらす。一九九九年のラニーニャでは、ハリケーンなど異常気象が発生した。ラニーニャは夏に猛暑を、冬には厳寒をもたらす。二〇〇七年八月の夏には、ラニーニャが発生したため、埼玉県熊谷市と岐《ぎ》阜《ふ》県多治見《たじみ》市の二ヶ所で四〇・九℃を観測し、国内最高気温を七四年ぶりに塗り替えるなど、異例の猛暑となった。つまり二酸化炭素の増加は、これらの異常気象に無関係なのである。と言うのは、エルニーニョやラニーニャは、古く一九世紀から人類が気づいていた異常気象である。一方、日本の高温記録も、一九三三年に山形市で四〇・八℃、その前の一九二七年に愛媛県の宇和島で四〇・二℃を記録しており、近年の記録を見ただけでは、過去の異常高温の説明がつかない。

地球の自転が生み出す偏西風も気象に大きな影響をもたらす。二〇〇三年六月以降、夏には西ヨーロッパで記録的猛暑と乾燥が続き、パリで最高気温が四〇℃を超え、熱波のために多数の死者が出た。実はこの死者はほとんど独り暮らしの孤独な老人だったが、「地球の温暖化だ」と大騒ぎする軽率な人間がぞろぞろ出た。しかし全世界が高温になったのではなく、逆に中央アジア、中国、アメリカ東部では寒くなり、日本でも一九九三年以来の記録的な冷夏であった。この原因は偏西風の蛇行《だこう》によるもので、日本やヨーロッパが位置する北半球の中緯度で、暑い地域と寒い地域が交互に並んだのである。

火山の噴火による火山灰の日傘効果もある。火山の大噴火が起こって火山灰が成層圏まで達すると、日光が遮蔽《しゃへい》されて、二～一〇年（平均して三年ぐらい）気温低下が起こる。近年では、一九九一年六月にフィリピンのルソン島にあるピナツボ火山が、二〇世紀最大規模の大噴火を起こし、標高一七四五メートルの山が、噴火後に一四八六メートルにまで低くなった。この火山灰が二万メートルの成層圏にまで達して、翌一九九二～九三年には全世界に冷害が広がり、【図20】のように地球全体の気温がぐっと下がった。

同じように、排気ガスを大量に排出する工業化が進むと、たくさんの煤煙《ばいえん》や粉塵《ふんじん》が空気中に浮遊して、エアロゾルによる日傘効果が出て、気温が低下することもある。これが逆に、ヒートアイランドを促進したり、煤煙が山の氷河まで運ばれると、降り積もった黒いススが太陽光線を吸いやすく、氷を融かす作用もある。

もう一つ、太平洋では地球の自転と、海流、気圧の変化のため、約二〇年という長い周

【図20】ピナツボ火山噴火前後の年平均地上気温の平年差

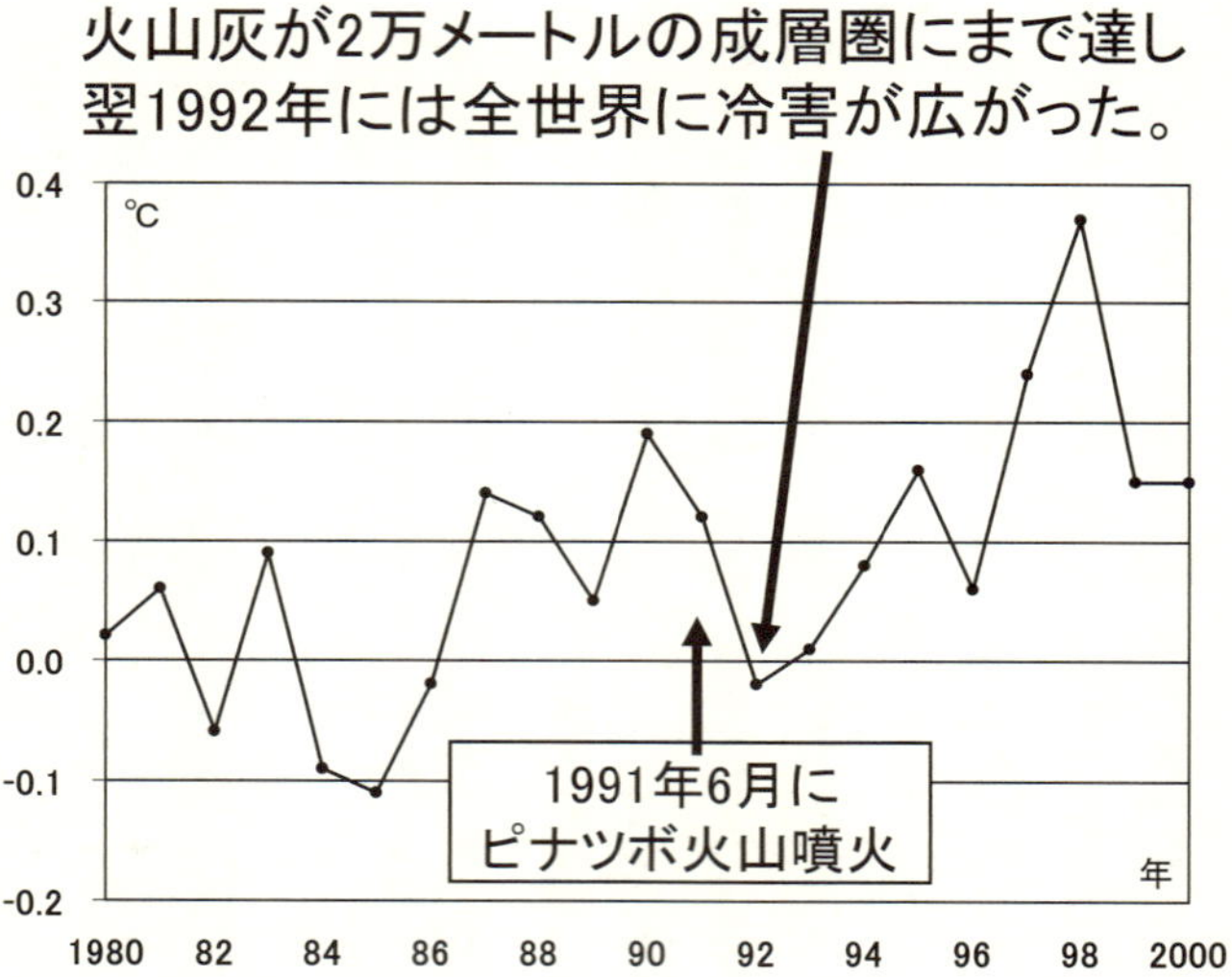

期で大気と海洋が連動しながら変動するＰＤＯ（Pacific Decadal Oscillation）つまり太平洋十年規模振動と呼ばれる気候変動の指標がある。このＰＤＯ指数が正の時、海面水温は北太平洋中央部で平年より低くなり、北太平洋東部や赤道域で平年より高く、負の時は逆になる傾向がある。気象庁によれば、ＰＤＯ指数は一九二〇年代に負から正へ、一九四〇年代に正から負へ、一九七〇年代末に負から正へ、それぞれ変化している。一九八〇

年代から九〇年代まではおおむね正の値（北太平洋中央部で海面水温が低い状態）で推移していたが、二〇〇〇年以降は明瞭《めいりよう》な傾向が見られない、という。太平洋は広大で、地球全体に影響を与えるだろうと思われたので、この気象庁グラフの変化を、過去一〇〇年間の地球全体の気温変化と重ねてみたところ、かなり似た上下動をしているように見える。

最大の影響を与える太陽の活動

一六〇九年にガリレオ・ガリレイが自分で望遠鏡を製作し、翌年には太陽の黒点を発見し、このあと人類は今日まで黒点のデータを蓄積してきた。この黒点が、二〇〇八〜二〇〇九年に太陽から消えるというほぼ一〇〇年ぶりの異常が起こって、太陽研究者の多くが地球の寒冷化説を唱えるようになってきたのが、現在である。なぜ太陽の黒点が、地球の気象に最大の影響を与えるのか。

太陽の活動が活発化すると、内部の磁力が表面に現われる。この磁力線によってエネルギーの流れが妨げられた部分は温度が低くなり、黒点が出現する。太陽の温度は六〇〇〇℃ぐらいだが、黒点の部分は三〇〇〇℃しかないため、黒く見える。つまり、黒点は低温

【図21】20世紀の黒点変化

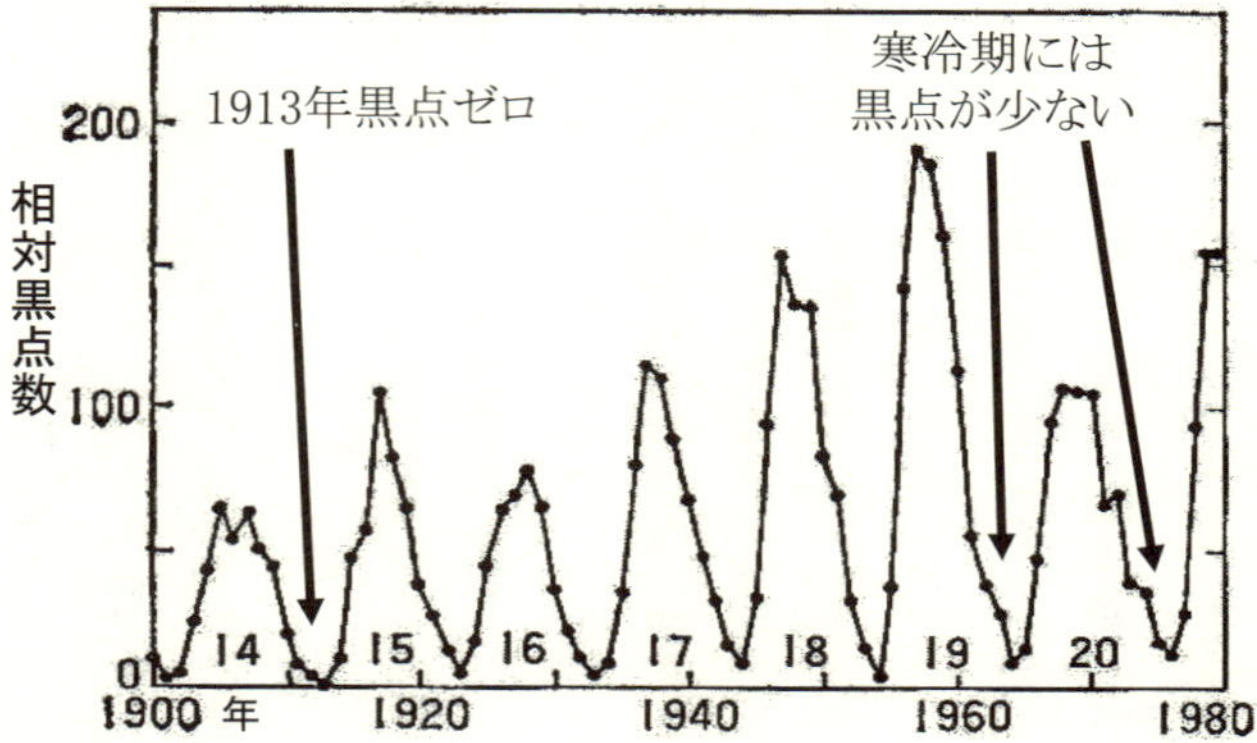

図中の数字は1750年からの黒点周期番号を示す。『太陽黒点が語る文明史「小氷河期」と近代の成立』桜井邦朋著、中公新書、1987年、所載の図より。

だが、黒点が増える時期には太陽の活動が活発化しているので、地球は太陽からの影響を強く受けて、温暖になる。

黒点は、平均すると【図21】のように一一年周期で変動し、そのたびに太陽の活動が活発になることが、三〇〇年間の記録で分っている。これが対流圏と地上温度に大きな影響を与える。なぜなら太陽から地球に降り注ぐ紫外線によって空気中の酸素分子O_2が一度酸素原子Oに分解され、O_3のオゾンが生成される。そして地上から二万〜二万五〇〇〇メートルほどの高さに高濃度オゾン層ができ、紫外線を吸収して成層圏の温度が上昇する。当然、太陽活動が活発になって黒点が増えれば、その下にある対流圏の気温が上昇するわけである。

ＩＰＣＣは、この黒点の増減は現在の地球の気温上昇と相関性がない、という驚くべき結論を主張しているのである。太陽研究者がＩＰＣＣにあきれるのも無理はない。

イギリスの天文学者ウォルター・マウンダーは、太陽の黒点の記録を克明に調べて、一六四五年頃から一七一五年頃までの七〇年間に、太陽面上から黒点がほとんど消えた極小期があったことを、一八九四年に明らかにした。そしてこの時期が、気象学者や天文学者のあいだでマウンダー極小期と呼ばれるようになり、文化人類学的にはヨーロッパで飢饉《ききん》に苦しんだひどく寒い時期、西ヨーロッパを中心にペスト（黒死病）の猛威が人々を苦しめ、ロンドンでテームズ川が凍った時代と一致して、当時の数々の絵画やカリカチュアが描いたように、小氷期があったことが明らかになっている。

二〇〇三年七月一六日の朝日新聞科学欄が、珍しくＩＰＣＣの黒点無視論に異議を唱える太陽研究者の意見を特集し、ガリレオの時代から現在までのグラフ【図22】を掲載して、最後の部分を見ると、黒点増加と気温上昇が相関しているとの見方を示唆した。ところがここで朝日新聞は、大きなミスを犯したのである。マウンダー極小期の時代に気温が低く

【図22】ガリレオ時代からの黒点数と北半球の気温の関係

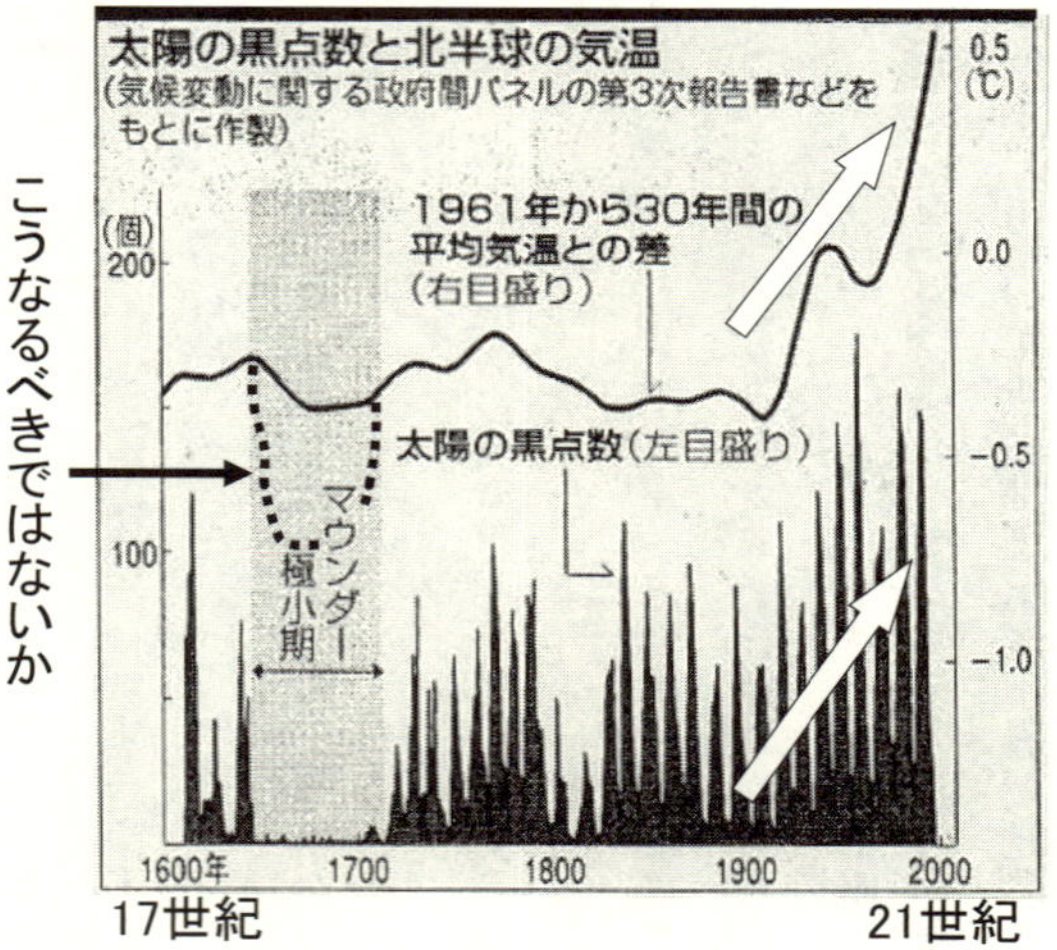

2003年7月16日の朝日新聞科学欄に掲載された図。

なっていないのである。この気温グラフの出典はIPCC第三次評価報告書と書かれ、デタラメのホッケー・スティックを使っていたからである。この時点ではクライメートゲート事件が発覚していなかったという問題ではなく、私が点線で書き入れたように、科学欄を担当する記者であれば、この時期に寒冷化が起こっていたという先人の常識を知らなければならないはずである。しかしこの新聞記事は、現在となってはクライメートゲート事件前のメディアと日本人全体がどれほどIPCCの偽データに毒されていたかを示す、貴重な実例でもある。現在の朝日新聞科学欄では、ホッケー・スティックを使っていない。

今日の天文学は、望遠鏡で太陽を調べた時代の記録がなくとも、木の年輪に残された炭素14を測定することによって、太古の時代まで黒点数を推定できるようになっている。普通の炭素は原子量が12だが、宇宙線を浴びた空気中には、微量の炭素14が生まれることから、考古学では、この放射性同位元素を指標にして発掘物の年代測定をしたり、昔の気温を推定している。

二〇一〇年に発刊された最新の本では、太陽研究の第一人者である柴田一成《かずなり》氏が書いた『太陽の科学　磁場から宇宙の謎に迫る』（NHK出版）という本に【図23】のグラフが出ている。彼は勿論、CO_2温暖化説を批判している。図にあるように、先の朝日新聞引用グラフと違って、マウンダー極小期（ミニマム）には、地球の気温がガクンと下がっている。これが正しい。

同書ではもう一つ、一九九八年にデンマークの科学者ヘンリク・スヴェンスマルクが提

【図23】木の年輪に残された炭素14によって推定した太古の時代からの氷河の量と地球の平均気温

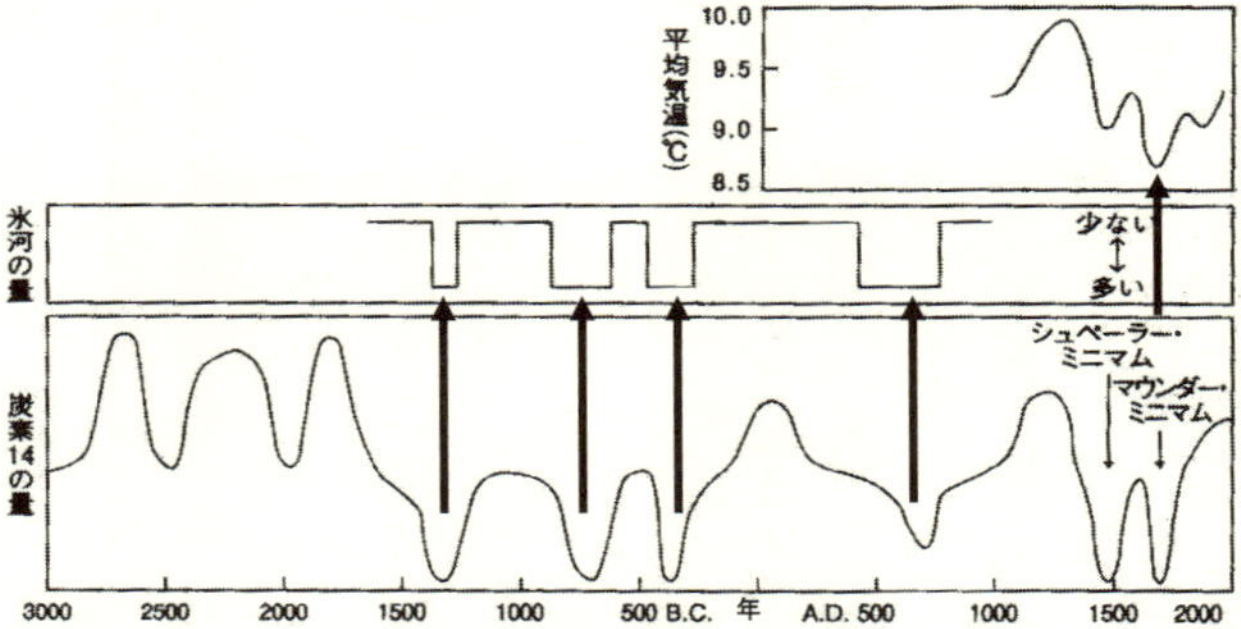

グラフ右端のマウンダー極小期には気温が急降下している。『太陽の科学 磁場から宇宙の謎に迫る』柴田一成著、NHK BOOKS、2010年、所載の図(John A. Eddy による)より。

唱し、実証した興味深い説が紹介されている。それは、過去の観測から、【図24】のように黒点が増えると宇宙線が少なくなる。そして【図25】のように宇宙線と地球上の雲の量の変化がぴったり合う。この二つのグラフを合わせると、黒点が増えると、雲の量が減る、雲が減ればあったかい、という明快な事実が分る。そこでスヴェンスマルクは、その理由として、「太陽が活発化すると、噴出する太陽風(プラズマ)が強まり、その太陽風によって地球に降り注ぐ宇宙線がさえぎられる。宇宙線が減ると、雲が減り、地表の温度が上昇する」と説明した。IP

【図24】黒点数と宇宙線の強度の関係

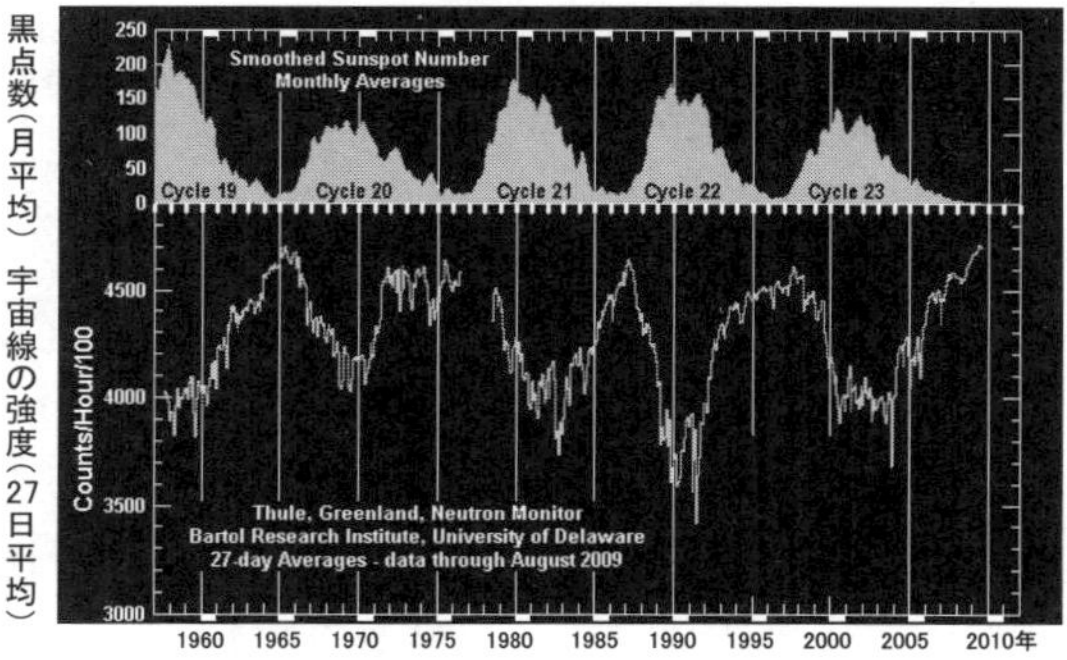

黒点が増えると宇宙線が少なくなるという関係が明瞭に出ている。John Bieber による。(http://neutronm.bartol.udel.edu/modplotth.gif)

【図25】宇宙線と雲の量の関係

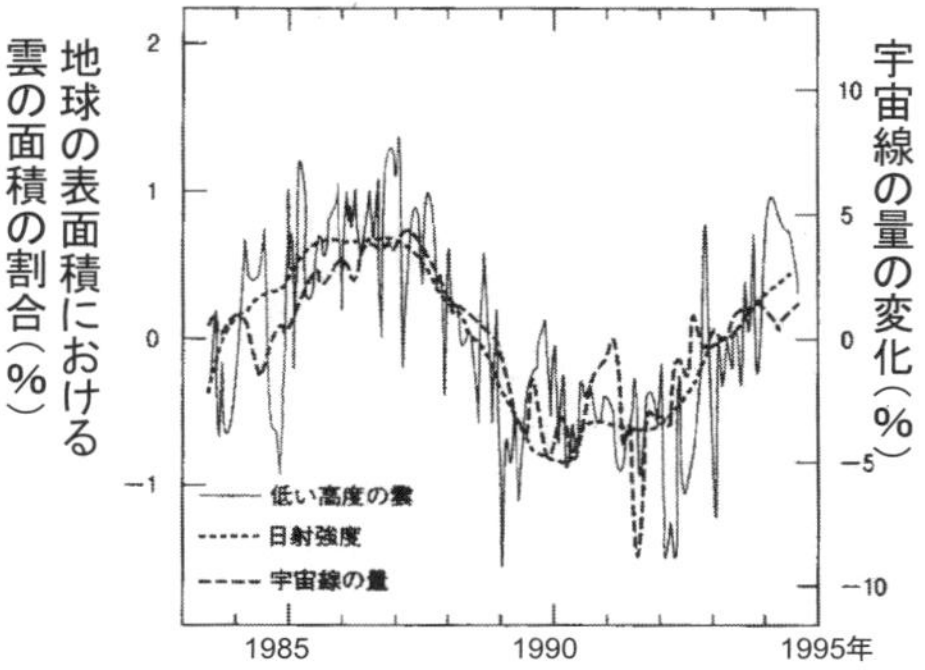

宇宙線と雲の量の変化がぴったり合う。つまり黒点が増えると、雲の量が減ることが分った。N. Marsh, H. Svensmark, Phys. Rev. Lett. 85, 2000 より。『太陽の科学　磁場から宇宙の謎に迫る』柴田一成著、NHK BOOKS、2010年、所載の図より。

ＣＣ批判者である丸山茂徳教授もこの説を支持して、こう説明する。

宇宙線が地球に入ると、地球の大気の分子に衝突して、核物理的反応が起こり、それによって空気の分子がイオン化される。イオン化した分子は不安定なため、安定化しようとしてほかのイオン化した物質と結合して、より大きな分子になる。これが水蒸気の凝結《ぎょうけつ》核となって雲を発生させることになる。そのため気温が下がる、と。

宇宙線によって生まれる凝結核とは、大気中に浮遊する固体、あるいは液体の微粒子（エアロゾル）のことで、これがあることによって、水蒸気が凝結して雲の水滴をつくるのだから、これもまた、万人に認められる正しい科学論である。しかし丸山教授はさらにその理論を進め、この宇宙線の地球への入射量は、地球の磁場の強さに反比例するので、地球の磁場が強くなれば、雲ができにくくなり、気温が上がる、ところが現在は地球の磁場がどんどん小さくなっているので、雲ができやすく、「地球は寒冷化に向かっている」と主張するのである。私は、この後段の寒冷化説には、納得していない。地球の磁場が一直線に減っている変化が将来の気温を左右するなら、過去にも一方的に寒冷化してきたはずである。後述するが、過去一九六〇～七〇年代に地球全土に起こった激しい寒冷化と、その後の温暖化を、この説だけで正しく説明できるとは思えない。

むしろ、二〇〇八年八月に黒点が一つも生まれない月となって世界を驚かせ、翌九月にアフリカのケニア中部全域で降るはずのない雹《ひょう》が降るなど、前例のない気象から顕著になってきた太陽活動の二〇〇年ぶりの急落が気がかりである。そして二〇〇九年は黒点がさらに減り、四月までに一八一〇年のゼロ以来の低水準に落ち込んだ。過去の一一年周期であれば、黒点が増え始めるはずだが、日本では冷夏となって、東京と福岡で「三五℃を超える猛暑日」がゼロとなった。

さてこの寒冷化に襲われた二〇〇九年について、本書冒頭、九頁の【図1】を見ていただきたい。気温は二〇〇八年までしか示していない。読者が二〇〇九年の気温を気象庁サイトで調べれば、平年より〇・三一℃高いという数字が得られるはずだ。ところがその数字は、IPCC幹部が捏造した可能性が高いので、私はグラフに描かなかった。なぜなら、〇・三一℃の数字は、報道記者であれば知っている通り、二〇〇九年一二月一四日に気象庁が速報値として発表した数字だからである。おかしいと思いませんか？　全世界のデータ収集に一ヶ月以上かかるのだから、二〇〇九年の気温を年内に発表できるはずはないし、速報値としても発表するべきではない。以下を読んでいただきたい。

二〇〇九年末から二〇一〇年一月にかけて、北極圏を中心に「嵐の怪物」と呼ばれる大寒波が北半球を襲い、北米の東海岸には一〇〇年ぶりの大雪で非常事態宣言が出され、イギリスとヨーロッパ大陸を結ぶ高速鉄道ユーロスターはたびたび運行停止で交通大混乱となった。イギリスでは、クライメートゲート事件とCOP15をあざ笑うかのように一九八一年一二月以来三〇年ぶりの大寒波となり、ドイツではほとんど全域で気温が零下一〇℃以下となり、スウェーデン北部やノルウェーでは零下四〇℃を下回った。ポーランドで一二二人が凍死するなど、ヨーロッパで多数が凍死し、アジアでも、北京で一月六日に四〇年ぶりの寒さとなる零下一六・七℃を記録し、一九五一年以降六〇年ぶりの最多積雪を観測し、インドも大寒波となった。三月一〇日には青森県八戸市と十和田市で観測史上最高の一日降雪量を記録した。三月二九日には、静岡県東部が大雪となり、静岡市内では静岡地方気象台が観測を始めた一九四〇年以来七〇年間で最も遅い降雪を記録し、満開の桜に雪が降り積もって、県東部に大雪警報が発令された。そして春から全国的冷害が広がり、農家に被害が続出して、野菜の高騰を招いた。

このように、全世界の太陽研究者が、黒点が減少したため地球の気温が下がっているだろうと、寒冷化を議論している最中、しかもクライメートゲート事件が燃え盛っている時に、〇・三一℃上昇値なるものを気象庁が急いで公表したのはなぜなのか。しかもこの数字は、「史上三番目の高温」というのだ。あきれてしまうのは、公表から半年後の二〇一〇年六月現在、気象庁サイトで調べても、「二〇〇九年の年平均気温平年差は＋〇・三一℃」の数字で変っていないのである。二〇〇九年一二月はいま書いた通り全世界が記録的寒さであるから、その寒冷データを加えれば当然数値は下がるべきである。もはや、公表される「地球の気温」という数字は、ＩＰＣＣ幹部によって政治的につくられるデータである、と私は確信している。そのように世界の人を欺く作業に日本の気象庁も加わっているなら、悲しむべき事態である。

さてもう一つ、あえてこうした寒さを書いたのは、読者に疑いの目を持ってほしいからである。私が言いたいのは、このように毎年毎年の気象が大きく変化するからといって、それは昔からあることなので、温暖化説や寒冷化説を、安易に信じないほうがよい、ということである。私は、一九七〇年代に企業のエンジニアをやめて、農業をめざしていたので、農業日誌に気温の変化を克明に記録していた。そして、人間が毎年「今年は異常気象だ」と騒ぐ習性があることを知った。実際、気温が平年値である年はまったくないのに、四季豊かな島国に住む日本人は「今年は暑い」、「今年は寒い」と大騒ぎするのだ。世界でも異常に高い日本のエアコンの普及率が、それを物語っている。観測史上最高・観測史上最低と報じられても、一八七二年（明治五年）に北海道の函館に福士成豊《なりとよ》によってわが国最初の気象観測所ができてから、ようやく西洋式観測が始まり、一九五六年に気象庁が発足してからまだ半世紀という短期間の記録にすぎないのである。地球の歴史四六億年から考えてみれば、ほんの瞬間の変化であろう。

本書で略したそのほかの膨大な科学的資料を見れば、「寒冷化時代が到来する」というおそれを、勿論、否定しているわけではない。地球の寒冷化が進んだ場合には、農作物ができなくなり、温暖化どころではない大被害が出ることも間違いないので、私はむしろ温暖化してほしいと思うことさえある。人類にとって本当に心配なのは、寒冷化なのである。太陽黒点には一一年周期と別に、一〇〇年の大きな周期が波うって、もう一つの温暖期〜寒冷期の大周期があることも、太陽研究者のあいだでは常識となっている。しかも現在は、その大周期で見ると寒冷化の入り口に立っている。二〇〇九年末からようやく黒点が現われて研究者を安堵《あんど》させたが、一一年周期が一二年七ヶ月に延びたので、このように黒点の周期が長くなったことは、「太陽の冬眠」と呼ばれる寒冷期突入の特徴であると見られている。こうして多くの人が寒冷化の到来を予測しており、私もかなり高い確度を感じる時がある。しかしその大周期の原因が、いまだに分っていない。

私が見たすべての学者・研究者の資料は、本人が調べている専門分野の指標データだけを中心に分析して、それに基づいて将来を予測する傾向が強く、ほかの気候変動要因を無視した結論が多い。自分の専門分野を研究してそこに打ちこむ学者の立場から、致し方ないとは思うが、ここまで述べたように、地球の気候変動要因は、少なくとも十次元の解析ができなければ解明できないはずである。ＩＰＣＣのごとく自説に拘泥《こうでい》して全人類をたぶらかし、将来を予測することなどあってはならない。過去の歴史追究は数々の知恵を授けてくれる。しかし将来の宇宙がもたらす気象メカニズムがどうなるかは、未熟な人類には分らない、と考えるのが科学的な態度であろう。一〇年ほど前の〝ニューヨーク・タイムズ〟記事で、北極を真剣に調べている気象学者の言葉に感動した記憶がある。そのアメリカ人は、「北極の氷がどうなるかは、今後、私が数十年データを積み上げても、結局分らないだろう。そもそも、ソ連が崩壊して、そのあと混乱したロシアは北極について気象観測さえまともにやっていないのだ。なぜ分らないことを、みな騒ぐのだろう」と。この人こそ、科学を愛する人間だと思った。

ここまでの重要な一つの結論として、CO_2が地球を温暖化してきたのではないことは明白である。実に数々のメカニズムが相互に、周期的に作用して、そして主に太陽活動がその中心にあって、自然現象によって過去の気温が変化してきたのだ、ということにつきる。ただしその結論を読者に一層強く確信してもらう必要があるので、一冊の本をこれから紹介したい。

赤祖父俊一教授が実証した小氷期の存在

純粋な科学論としてのCO_2温暖化説と、それを否定する自然変動説の科学的論点をみると、主に三点がある。

第一の論点は、二〇世紀に入ってから、急激に地球の温度上昇が起こったのか、そうで

【図26】原油の世界生産量の変化

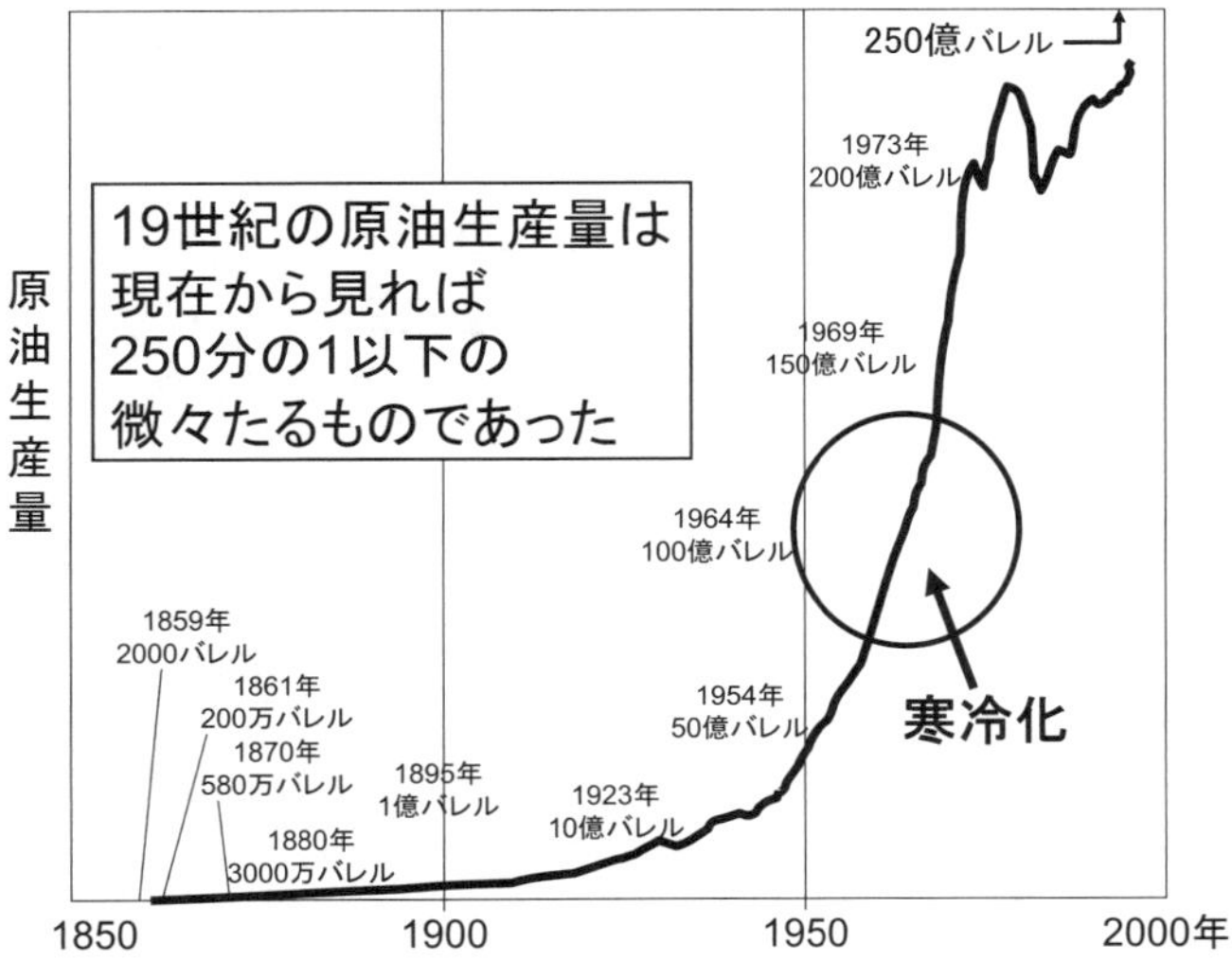

はなく、はるか前から温度上昇が起こっていたのか、である。つまり、人類が化石燃料の石炭・石油の大量消費によってCO_2を大量に排出し始めたのは、【図26】と【図27】に示したように、ちょうど第二次世界大戦が終った一九四〇年代後半からであることは、数字の上で明白である。私たちが一九八〇年代に顕著になったと感じてきた地球の温度上昇が起こったのが、それよりはるか前、たとえば一八〇〇年代であれば、CO_2の排出量は無視できるほど小さく、CO_2と無関係の自然変化だと分かる。

【図27】石炭と石油の全世界消費量

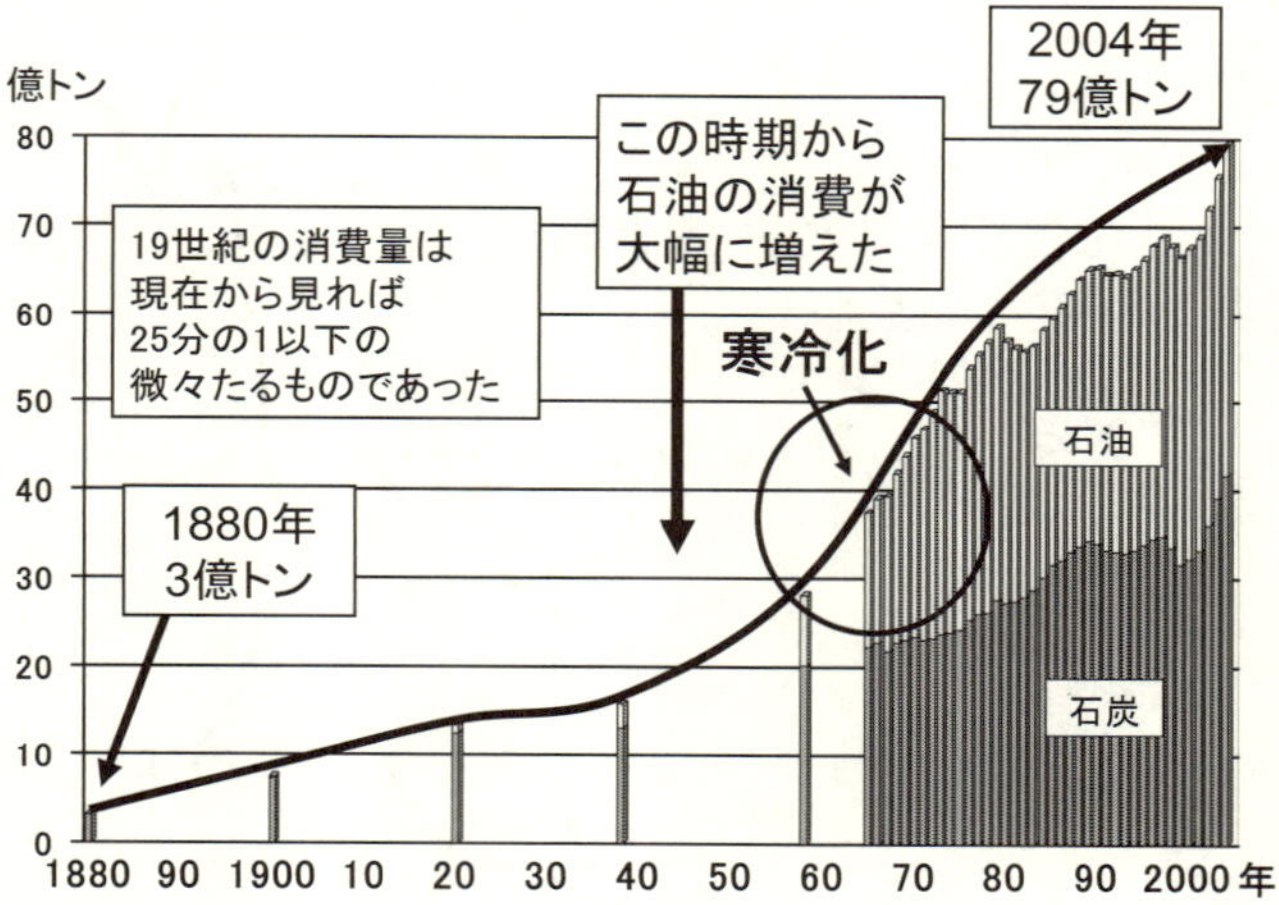

第二の論点は、石炭・石油の大量消費が急増していた一九六〇〜七〇年代に、なぜ地球全土に激しい寒冷化が起こったか、というCO_2温暖化説の大きな矛盾である。この事実は、読者のほとんどが記憶していないので、おそらく驚かれるだろうが、その時代の寒冷化の記録をくわしく後述する。

第三の論点は、すでに冒頭で述べたが、大気中のCO_2濃度は、中国・インドなど新興国の暴走する経済成長によってぐんぐん高まり、現在も最高記録を書き換えているのに、ここ一〇年、地球の気温はまったく上昇していない。気温は急落し、むしろ寒冷化が進行しているかに見えるのに、なぜ温暖化と騒ぐのか。これは一〇年前の二〇〇〇年にIPCCに駆り出された御用学者たちの全員が、一〇〇年後の気温を予測し、予測値には九℃という驚くほどの差があるにもかかわらず、新聞とテレビが最大値だけを騒々しくクローズアップし、残念ながら全員の予測が外れているので、もはや論ずる必要はない。彼らのコンピューターはみな、こわれていた。

まず第一の論点を、くわしく実証した赤祖父俊一著『正しく知る地球温暖化　誤った地球温暖化論に惑わされないために』という本から紹介する。【図28】がその一例である。その年の気温によって木の年輪の幅は変化する。最も古い樹木の切り株では、一万年前まで分るものがある。この考古学に基づく調査で分っている通り、二〇世紀末まで続いた気温上昇は、まだ人為的にCO_2がほとんど排出されない二〇〇年前、実に一八〇〇年頃から始まってきたことが明らかである。同書が重要なのは、このほかに氷河のコアによるデータ、寒暖計の記録、海底堆積物《たいせきぶつ》中の酸素の同位体の変化など、ありとあらゆるデータを出典と共に明示して、一七〜一九世紀の小氷期の存在を証拠づけた山のような資料の宝庫だというところにあるので、読者は必ず、この本を読まれたい。しかも使われている図版は、他

【図28】木の年輪から推定した西暦800年〜2000年の気温変化

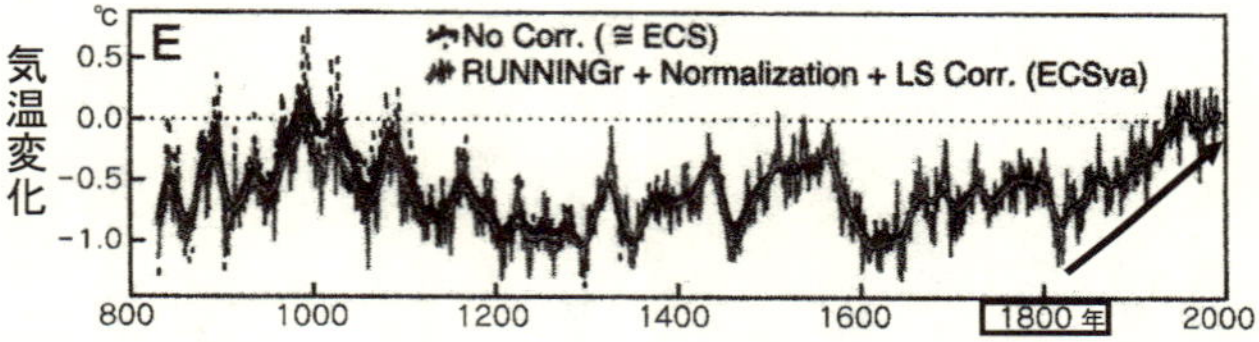

現在の気温上昇が始まったのは、1900年頃ではなく、グラフ右端の矢印で示したように、1800年頃であることがはっきり分る。グラフは現在との気温差で示してある。『正しく知る地球温暖化』赤祖父俊一著、誠文堂新光社、2008年、所載の図（2005年 Moberg らによる）より。

書でも確認できる信頼性の高いものばかりであった。

これが科学書の老舗《しにせ》である誠文堂新光社から発行されたのは最近、二〇〇八年七月七日であった。見返しの著者紹介によれば、「一九三〇年、長野県生まれ。一九五三年、東北大学理学部地球物理学科を卒業。同大学院在学中の一九五八年にアラスカ大学大学院に入学。博士号を取得。アラスカ大学地球物理研究所助教授を経て、一九六四年に教授に就任。一九八六年から一九九九年まで、アラスカ大学地球物理研究所、二〇〇〇年から二〇〇七年まで、アラスカ大学国際北極圏研究センターの所長をつとめる。オーロラをはじめ、地球電磁気学や北極圏研究における世界的権威」とあった。権威という言葉は、悪《あ》しき場合にも使われるが、赤祖父氏が所長をつとめてきたアラスカ大学国際北極圏研究センター（ＩＡＲＣ――International Arctic Research Center）は、地球規模の気候変動と北極圏の現象の研究における国際協力を推進するため、一九九九年に設立された機関であり、権威とは、世界各国の科学者を統率している信頼できる研究者という意味の讃辞である。

二〇〇九年一〇月一七日に、私の住む東京都杉並区で、赤祖父氏と、ＩＰＣＣ論の信奉者である東北大学・明日香壽川《あすかじゅせん》教授が対決するかのような珍しいシンポジウムが開かれた。赤祖父氏がどれほど冷静で誠実であるかは、次々とくり出される科学的な実証資料を見れば一目瞭然であった。一方のＩＰＣＣ側の教授は、江守と組んで文部科学省の金で前述の問題冊子をつくった一人であり、赤祖父氏に何も反論できず、「消費量を減らすことが大切です」などと子供でも言える退屈きわまりない話を一時間も続けて逃げまくった。最後に聴衆が見えないほどのスピードで反論資料と称するものを一瞬だけ出して、「これは江守さんのものです」と言って自分でそのグラフを説明もできないままであった。

さて先の赤祖父氏の本は必読書だが、この人は、原子力の問題について深く知らないのか、最後の章に「より安全な原子力発電、核融合による発電などにより、大量電力エネルギーを確保しなければならない」と書いている部分だけは、全否定しておく。この一文によって、折角のこの本の記述が台無しになっているのは残念だが、氏は、原発関係者が温暖化説を利用したと本の中で批判しており、実際は原子力に懐疑的な立場のようである。その一文を除けば、地球科学の分りやすい完全な科学的実証の書物として絶讃できる。実は、この赤祖父氏が主宰する国際北極圏研究センターこそ、現在の温暖化論議で最大の問題となっている北極圏・北極海の氷を実測し、私が最も信頼してきた北極海の海氷の地図データをウェブサイト上で全世界に対して毎日知らせている機関である。

○ガリレオ・ガリレイが地動説を唱えた時、ほとんどの人がそれを信じなかった。

○アルフレート・ヴェーゲナーが大陸移動説を唱えた時、ほとんどの人がそれを信じなかった。

○グレゴール・ヨハン・メンデルが遺伝の法則を解明した時、ほとんどの人がそれを信じなかった。

○チャールズ・ダーウィンが生物の進化論を唱えた時、ダーウィンは猿の子孫だとしてあざ笑われた。

○ミルティン・ミランコヴィッチが地球の運動の法則から古代の氷河期の年代を計算した時、ほとんどの人がそれを信じなかった。
一〇〇年前にヴェーゲナーの大陸移動説が出なければ、プレート運動によって説明される現在の地震学はない。しかし人類が大陸移動説を確認するまでに半世紀を要したのである。地動説も、遺伝の法則も、進化論も、ミランコビッチ・サイクルもすべて、長い間、批判にさらされながら、最後には現代科学の最も重要な基礎知識となっている。科学が、その時代の多数決で決めるものでないことは、数々の歴史の時間が証明してきた。「多くの科学者がCO_2温暖化説を支持している」ことだけを根拠に自説を強弁してきたＩＰＣＣが、クライメートゲート事件でメールが暴露された通り、反論をすべて圧殺するよう学会誌にボイコットを呼びかけて政治的な弾圧を加えるという恥ずべき行為に明け暮れてきた事実を見るだけで、彼らが科学の心を持たない「中世の宗教裁判官」と同じ醜悪な虚栄集団であることは、実証された。ＩＰＣＣは、他人の論に耳を貸さない、つまり科学の精神を否定する人種である。その意味で、実証データをもって「津波の前に立つような気持で」真っ向から圧倒的多数派のCO_2温暖化説に立ち向かった赤祖父氏は、勇気ある真の科学者であ

【図29】二酸化炭素温暖化論者による19世紀からの気温の変化

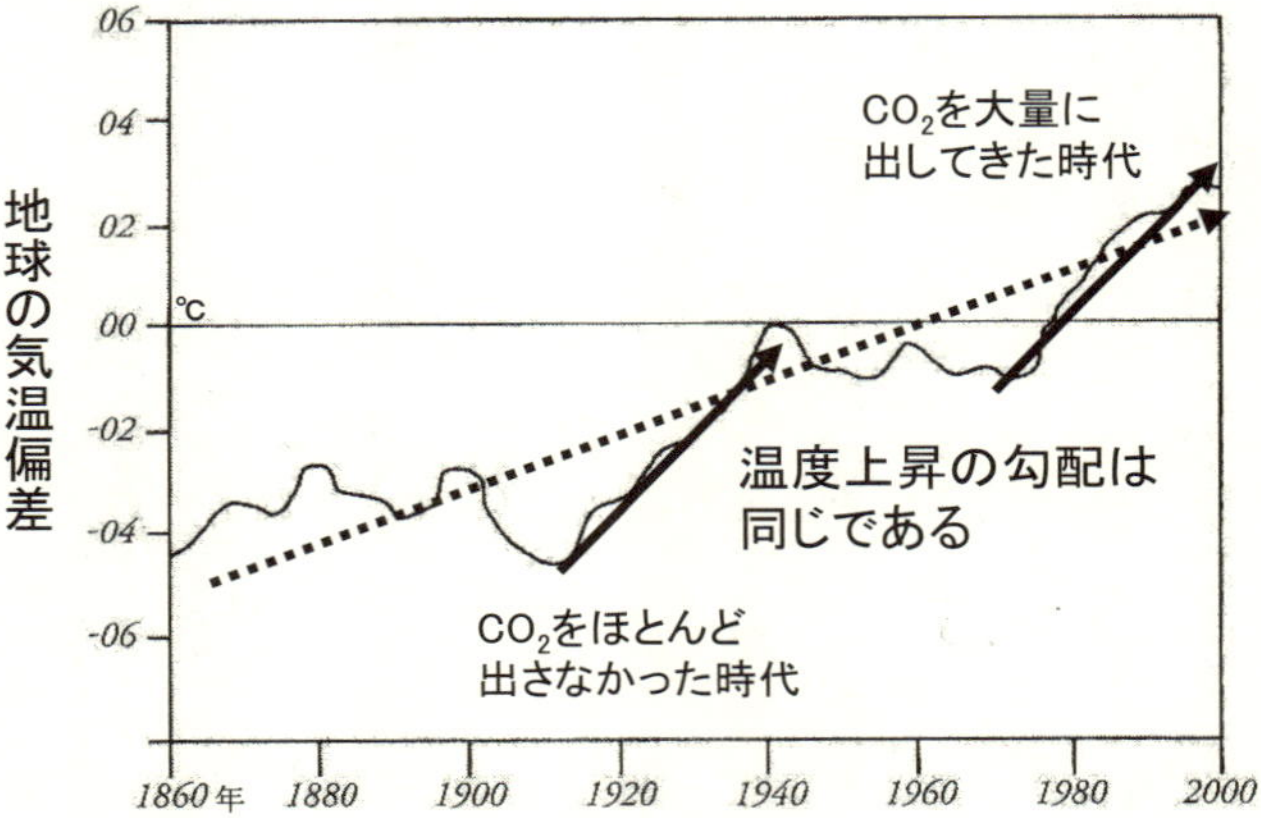

著者は最後の部分だけが異常な上昇だと強調しているが、気温上昇は明らかに1800年代から進んできた。『歴史を変えた気候大変動』ブライアン・フェイガン著、河出文庫、2009年、所載の図より。

る。

一方、IPCC側の「CO_2温暖化論者」であるブライアン・フェイガン著『歴史を変えた気候大変動』（河出文庫、二〇〇九年）という本に出ているグラフ【図29】も紹介しておこう。これを見ると、気温上昇は明らかに「CO_2をほとんど出さなかった」一八〇〇年代から進んでいる。著者は同書で、一八世紀からの人間活動が温暖化をもたらしたと、化石燃料の消費量を無視して奇怪な論を強引に振り回し、最後の部分の一九八〇年代が異常な気温上昇だと強調しているが、この著者の思考力は大丈夫なのだろうか。「CO_2をほとんど出さなかった」二〇世紀前半の温度上昇の勾配《こうばい》は、一九八〇年代とまったく同じである。人間が事実を判断するのに大事なのは、意見ではなくグラフである。このグラフは、赤祖父氏が示した【図28】の「一八〇〇年頃から始まった気温上昇」と同じなのだ。

つまり、第一の論点は、CO_2温暖化論者を含めて、明らかに、天文学、地質学、文化人類学、宇宙科学のすべての資料が、CO_2が大量に排出される前の一九世紀の前半ないし半ばから、CO_2と無関係に地球の気温が上昇し始めたことを実証している。この上昇開始時期が、一九〇〇年からではなく、そのはるか前、ホッケー・スティックで消された小氷期が終った時期なのである。したがって気温上昇は、昔から地球で起こってきた自然な現象にすぎない。

もっと大切なことを書こう。私が赤祖父氏の本を推奨するのは、過去に持っていた私の知識とすべて合致し、どこにも矛盾がないからである。読者は、日本史を思い起こしていただきたい。一七八〇年代に起こった天明《てんめい》の大飢饉では、寒さに浅間山の大噴火が重なって、田沼意次《おきつぐ》の時代に江戸・大坂をはじめ全国諸都市で打ちこわしが起こり、天明七年（一七八七年）に松平定信《さだのぶ》が抜擢《ばってき》されて江戸幕府老中首座となり、寛政の改革を断行したことをご存知だろう。続いて幕末の一八三〇年代に起こった天保《てんぽう》の大飢饉では、冷害のため秋の収穫が激減した。二宮金次郎が飢餓にある小田原藩の領民四万人を救済するため奔走し、天保八年（一八三七年）に飢餓の人を救うために大塩平八郎の乱が起こったこともご存知だろう。

のちに古河《こが》藩主（茨城県）で老中となる土井利位《としつら》は、一八三四年（天保五年）に大坂城代となり、一八三七年には大塩平八郎の乱を平定する総指揮を執った。一方彼は、雪の結晶を観察して『雪華図説』を著したことで名高く、利位の観察時期は、ちょうど天保初年からの天候不順による天保の飢饉となった時期と重なっていた。雪の結晶は融けやすく、気温が零下五℃以下でないと鮮明な観察ができないが、彼は「天保三年（一八三二年）十二月九日は大雪、結晶も非常に鮮明で、他年には見られない形のものがあった」と書き残していた。このことから、寒地ではない古河や大坂でも結晶観察ができたことは、天保年間当時の厳しい寒さを傍証している、とされるのが日本史である。

この天明の大飢饉、天保の大飢饉が、小氷期にあたるのである。したがって、このようなことを言い出したのが、赤祖父氏が初めてではないことが重要なのである。これらのことは、気象学者・気候学者たちの、長い間の常識である。氷河期の歴史も知らずに、CO_2だけを見てコンピューターを操作する集団のＩＰＣＣ学者と、全世界のマスメディアが、その当たり前の事実を足蹴《あしげ》にしてきた。

ほかに、古い本を見てみよう。

――一六世紀になると、世界的に冷え込みが始まり、一九世紀の半ばまで、寒冷な時期がつづいた。ふつう小氷期というのは、この時代をさし、ヨーロッパでは一五五〇年から一八五〇年までの三〇〇年間としている。――『大氷河期　日本人は生き残れるか』日下実男著（朝日ソノラマ）一九七六年、二四二頁。

――小氷期の最盛期は、一七世紀半ば頃から一八世紀初頭にかけての七〇年ほどの期間であった。この期間は太陽黒点が極端に小さくなり、太陽活動の「マウンダー極小期」にあたり、気候の寒冷化のため食糧生産の不振に苦しんでいた。一四世紀初めから始まったこの寒冷化が終ったのは、ようやく一九世紀半ばであった。――『太陽黒点が語る文明史

【図30】イギリス中部における冬期の50年平均気温の変化

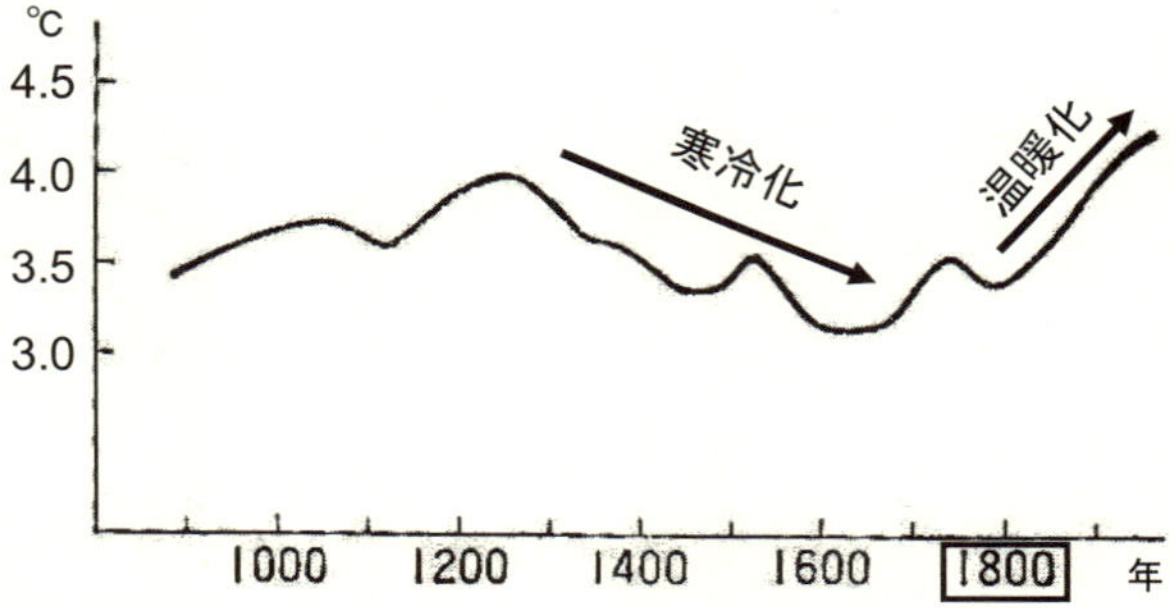

『太陽黒点が語る文明史　「小氷河期」と近代の成立』桜井邦朋著、中公新書、1987年、所載の図（ラムによる）より。

【図31】流氷の数が示す地球の気温の変化

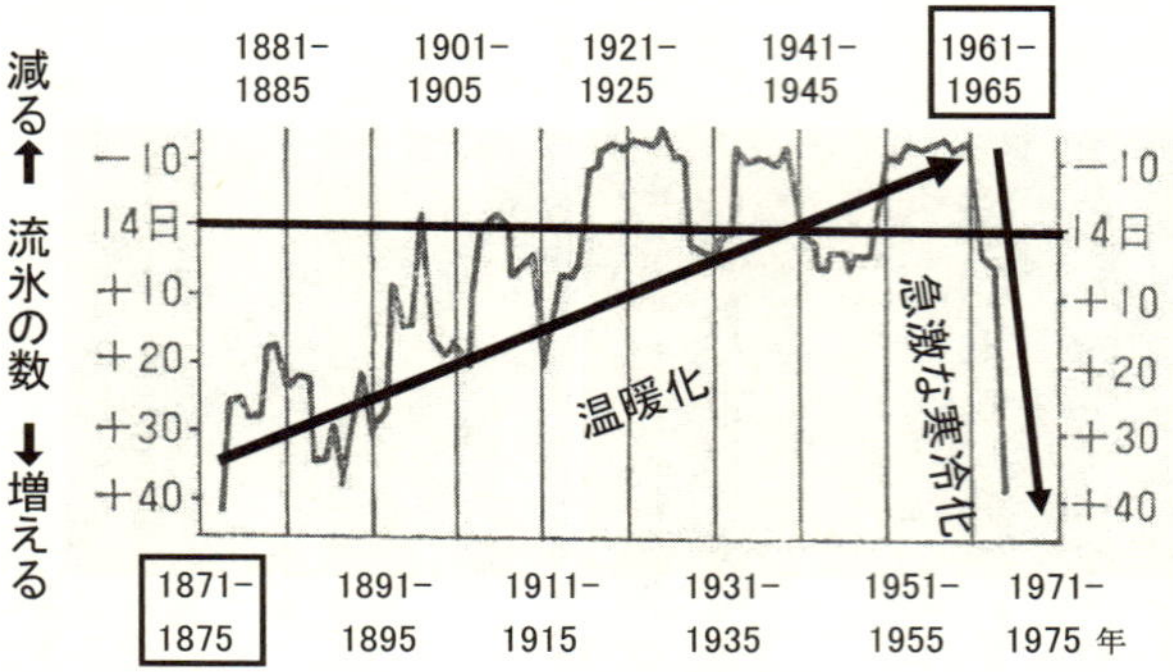

アイスランドにおいて３月から５月までの間で、流氷のため操業できない日数（５月移動平均）。目盛りの14日は1950年代までの操業できない平均日数。『氷河期へ向う地球　異常気象からの警告』根本順吉著、風濤社、1973年、所載の図より。

「小氷河期」と近代の成立』桜井邦朋著（中公新書）一九八七年、五〜一〇頁など。この本では、【図30】の気温グラフも明示されている。

【図31】の図は、『氷河期へ向う地球　異常気象からの警告』根本順吉著（風濤社）一九七三年、一七頁のもので、流氷の数が示す地球の気温の変化を一九世紀から示している。

この古い一九七〇〜八〇年代の三冊が書いていることは、ほんの二年前にようやく赤祖父氏が強く指摘してくれた「中世の温暖期」と「一六〜一八世紀の小氷期」とまったく同じ説明である。しかもこれらの本は、現在読んでもきわめて信頼性の高い内容である。現代人は、「新聞とテレビが正しい報道を続け」、「インターネットで事実が調べられる」と思い違いをして、嘘に惑わされているだけなのである。私は古い知識を持っていたからこそ、ＩＰＣＣがホッケー・スティックを発表した瞬間に、この連中が悪質な詐欺師だと一〇年前に分った。クライメートゲート事件は関係ない。ＩＰＣＣの性格は、誰にも判断できなければいけなかったはずである。新聞とテレビの記者、政治家全員は、まともな本を読んだことがないのだろう。私は読者に、近くの図書館に通いなさい、すぐれた本を読みなさい、すぐれた著者を探しなさい、と言いたいために、本書を書いている。大切な本を読まずに、つまらないベストセラーしか手に取らない人類と日本人の知性の低下が心配なのである。

さて読者は、最後に引用した三冊の書が、面白い書名であることにお気づきだろう。『大氷河期　日本人は生き残れるか』、『太陽黒点が語る文明史　「小氷河期」と近代の成立』、『氷河期へ向う地球　異常気象からの警告』である。そのタイトル通り、一九七〇年代から、氷河期到来説が盛んに語られていたのである。根本順吉は、当時の気象庁長期予報担当官として有名なぴか一の人物で、その頃は現在と違って、氷河期がどれほどこわいかという警告が主流であった。なぜかと言えば、一九六〇〜七〇年代にかけて、地球全土を寒冷期が襲ったからである。CO_2が猛烈に排出され、急増したにもかかわらず……

これがCO_2温暖化説を否定する第二の論点なので、当時の書物から、記録を要約して、その時代を知らない若い読者にも紹介しておきたい。

一九六〇〜七〇年代の寒冷化の記録

『大氷河期　日本人は生き残れるか』と『氷河期へ向う地球　異常気象からの警告』から、

当時の記録を要約してみる。

一九六〇年代から北極地方を中心に寒冷化の時代に入った。特に一九六三年一月には記録的な大寒波が西ヨーロッパを襲い、小氷期以来の異常気象と呼ばれた。ロンドンでは平均気温が平年より五・三℃も低く、一七九五年以来の一六八年ぶりの寒さであった。

大陸の寒さはイギリスよりはるかに厳しく、一九六三年一月の平均気温は、パリで零下二・七℃、ドイツのハンブルクで零下六・〇℃、モスクワで零下一五・九℃と、軒並み平年より六℃低く、ポーランドのワルシャワでは一〇℃近くも低くなり、「数万年に一度の低温」となった。

当時、テームズ川、ライン川、ドナウ川など、ヨーロッパの有名な河川はほとんど凍結し、フランスのダンケルクからベルギーまでの海岸は、氷が一〇〇メートル沖合まで張りつめた。

一九六三年初め、日本でも北陸から山陰地方にかけて豪雪となり、昭和三八年なので「三八豪雪」と呼ばれた。南国九州では、福岡の降雪が一ヶ月に二七日と観測史上初めての大記録、佐賀でも二三日間降雪、鹿児島でも三〇センチ以上の積雪を記録し、九州が雪国となった。北海道には大量の流氷が押し寄せ、さらに寒冷魚のサケが、南限の銚子《ちょうし》より南下して、伊豆半島で網にかかった。

一九六〇〜七〇年代にかけてグリーンランドから押し出される氷塊（氷山）は増え続け、一九七二年二月下旬〜九月初めまでに北緯四八度を越えて南下した氷山は一五八七個を記録した。それまで二五年間の平均の二〇八個を七・六倍も上回る数であり、地球の寒冷化が激しく議論された。

一九六八年には、大西洋北部の流氷の南限が最も南に広がり、秋には今世紀最大の寒気団がヨーロッパ大陸と北米の北西部を襲った。一九六八〜六九年にかけて、シベリア内陸部で平均気温が平年より一〇℃以上も低くなった。

一九七一年一二月末、西ヨーロッパが二五年ぶりの激しい暴風雪に襲われた。寒波はフランス、スペイン、ポルトガルから地中海を越えてイスラエルまで達し、農作物に大被害があった。インドでは凍死者が一四〇人にも達する猛烈な寒波だった。

日本では、一九五〇年代に比べて、六〇年代から七〇年代初めにかけて、春一番の到来が年々遅くなり、冬が長くなる寒冷化が起こった。

一九七三年一二月〜一九七四年二月、日本の東北地方では、三八豪雪を上回る観測史上最大の豪雪となった。

一九七五年の秋、寒冷魚のサケの大群が北海道各地の根室《ねむろ》、知床《しれとこ》、十勝川《とかちがわ》などに押し寄せ、遡上《そじょう》するサケで川があふれてしまった。しかも南限を突破して神奈川県相模川《さがみがわ》にまで現われ、この秋の沿岸サケの総漁獲数は、日本全土で一七〇〇万匹となり、一八八九年（明治二二年）に記録した一〇〇〇万匹の二倍近くとなった。

翌一九七六年夏は、一八七六年（明治九年）以来ちょうど一〇〇年ぶりの寒さとなり、「異常冷波」と呼ばれた。七月の冷え込みは、岩手県で史上初めて真夏に氷が張るほどであった。東日本各地で、トマト、ジャガイモなどが寒さのため全滅した。

一九七六年八月、東北六県は平均気温が平年より二〜三℃も低くなり、天明の大飢饉とそっくりの寒い春、冷夏、長雨の天候パターンとなって、大冷害となった。そのため、氷河期到来説が盛んに語られた。

高齢者でさえ、こんな時代があったのかと驚くほど、人間は過去のことをすぐに忘却する生き物である。これらの記録的な寒冷化が起こった時期に、二酸化炭素はぐんぐん増え続けていた。ここで、六七、六八頁に戻って【図26】、【図27】を見ていただきたい。CO_2温暖化説は、まったくおかしなストーリーだと、誰でも気づくはずである。

これらの地球規模の寒冷化が起こって、先のような書物が書かれたのだが、その後は一九八〇年代の気温上昇に転じて、これらの予言的警告は外れてしまったことになる。しかし、書物の内容は、ＩＰＣＣ学者のように作為的な予測ではなく、今でも的確に地球に何が起こったかを私たちに教える貴重な資料である。丸山茂徳教授が唱えている地磁気寒冷化説に納得できないのは、この一九六〇〜七〇年代の寒冷化と一九八〇年代の気温上昇時代にも、地球の地磁気は一直線に減少しているので、地磁気より大きな影響があると感じるからである。つまり私は、寒冷化説を頭から否定するのではなく、太陽黒点が増加し始めれば、再び気温上昇が起こることもあり得ると考えるし、将来についてはまったく予想したくない、どちらになっても人間は気候変動に対しては生き抜くだろう、という立場である。

それは【図32】を見れば分る。南極中部のポストック基地の氷のコアを分析した結果から推定される「過去四五万年間の気温の変化」をグラフに示したものである。これは赤祖

【図32】過去45万年間の気温の変化

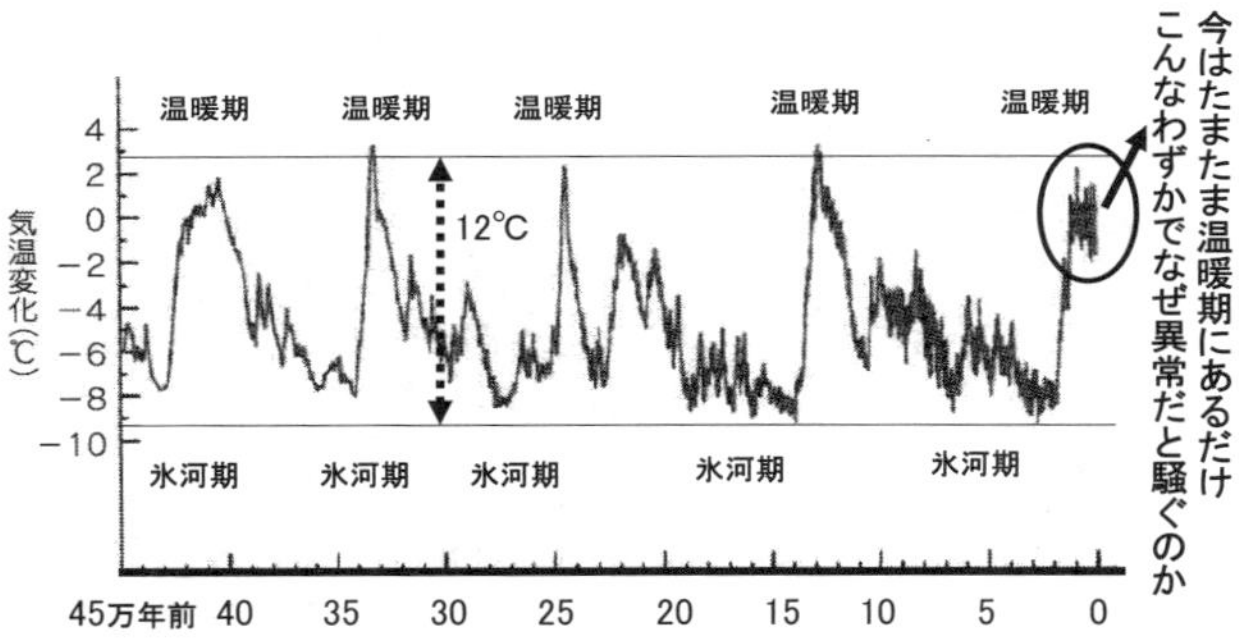

気温は、南極中部のボストック基地の氷のコアを分析した結果による。現在論じているのは100年に1℃だが、過去の気温差は12℃もある。ジャワ原人は100万年前頃に、北京原人は78万年前に誕生していた。『正しく知る地球温暖化』赤祖父俊一著、誠文堂新光社、2008年、所載の図より。

父氏の著書からの図だが、原図は他書でも見られる一般的な図である。

四五万年とは、人類にとってどのような期間だろうか。

学者によって見解は異なるが、おおまかに言えば、二五〇〇万年前頃にチンパンジー、ゴリラ、オランウータンなどの類人猿が生まれ、六〇〇万年前頃に、地球上に直立二足歩行する猿人が現われた。これが人類の祖先だと言われる。一〇〇万年前頃にはジャワ原人、続いて七八万年前に北京原人が登場した（かつては五〇万年前とされた北京原人も、考古学の発掘が進むにつれて、年代は古く書き換えられている）。そうして二三万年前には旧人と呼ばれるネアンデルタール人が闊歩《かっぽ》し始め、これにやや遅れて新人が登場し、五万年前頃には洞窟《どうくつ》壁画で有名な新人のクロマニョン人が高度な知恵を見せ始め、この新人が現在の人類につながった。

したがって、【図32】の温度グラフは、これら人類の歴史がたどって、わずかなかがり火や洞窟生活を頼りに生き抜いた期間である。現在論じているのは一〇〇年に一℃にもならない気温上昇だが、過去には、氷河期と温暖期がこのようにたびたび訪れて、その気温差は一二℃もあるのだ。ジャワ原人と北京原人の子孫も、この激変の時代を生き抜いてきたのだから、地球温暖化の旗を振りかざして「人類が滅亡する」と叫び回る人たちに、「これは自然現象なのだからあきらめなさい。ほかにもっと深刻な問題があるのですよ」と言いたいだけだ。

そう言っても、彼らはドクロの旗をおろしそうもない新興宗教と化しているので、一応、小学生に分る理科を説明しておきたい。CO_2温暖化説のためメディアで「異常」が叫ばれてきたが、それらは本当に異常な現象なのか。

二酸化炭素温暖化説でターゲットにされている北極圏は大丈夫か

北極の氷が融けると騒ぐ大人がいるので困るが、グラスに入れたアイスコーヒーの氷が融けて、液体があふれ出すだろうか？　氷をグラス一杯に入れて、氷が融けても、なぜあふれないのだろうか。氷が水に浮くのは、氷の比重が〇・九二で水より軽いからである。水はほかの分子と違って不思議な性質があり、固体の氷になると体積が膨張する。したがって氷が融けて水になると、逆に体積は小さくなる。北極海の氷は、海面に浮かんでいるので、すべての氷が融けても海面は上昇しないのだ。

ほぼ一万年前に終ったとされる地球最後の氷河期（ヴュルム氷期）には、北半球の大陸が地続きだった。そのため、北海道は大陸と陸続きで、夕張や襟《えり》裳岬《もみさき》から歯の化石が発見されている通り、マンモスたちが日本にもやってきた。それらの動物を追ってサハリン（樺太）は旧石器時代人の通路となった。瀬戸内海、東京湾、大阪湾などの浅い内海も陸になっていたのである。ではなぜ、いま北極海の海氷が減少しているのか。

アラスカ大学にあって北極圏研究の第一人者である赤祖父氏によると、ノルウェー沖における北極海の海氷の縮小は、一八〇〇年頃より始まっていた。海氷が縮小した原因は、北大西洋の暖かい海流が北極海に流入したためであり、二酸化炭素は関係ないということだ。

ＮＨＫが「二〇〇八年九月九日に北極の氷が史上最小になった」と、けたたましく報道したので、私は、人間が大量の熱を北極海に流しこんでいるため、ヒートアイランドと同じように、新興国ロシアのレナ川、エニセイ川、オビ川からの人為的な直接排熱が影響していると疑ってきた。この海水温度の影響という推測は当たっていたが、北大西洋の暖かい海流が原因であった。さらに赤祖父氏主宰の国際北極圏研究センターの正確な海氷データを調べてみると、北極海の海氷量は、その半年前の三月には例年より大量に存在したことが分って、ＮＨＫ報道部の作為的な煽動《せんどう》ニュースにすぎないことを知った。二〇〇九年五月下旬には、北極海は過去七年で最大量の氷で埋めつくされているのだ。読者は安心してください。

したがって、シロクマを心配する人たちの頭をなでて、「北極圏の生き物は大丈夫です」とも言ってあげなければならない。たとえＩＰＣＣ御用学者の欠陥コンピューター予測の通り高温の一〇〇年後になったとしても、現在よりはるかに気温が高い縄文時代の夏に、北極の氷は完全に消滅していたのに、シロクマがなぜ生き延びてきたかという史実を考えればよい。このホッキョクグマは、生物学者によれば、泳ぎが上手なことで知られ、その体形から何時間でも氷海を泳ぐことができる適応能力の高い生物だからである。

ＮＨＫスペシャルでは、一組のシロクマ親子を追跡して、これが死んだ、温暖化の被害だと大々的に特集してきたが、原住民エスキモーは、生活の糧として年間四〇〇頭のシロクマを狩猟しているのだ。報道部ともあろうものが、これほどのことを知らなかった、ではすまされない問題ではないか。

南極の氷と氷河は大丈夫か

北極の次は、南極である。地球全土の氷河のうち九割は南極に存在する。この氷のすべてが融ければ海面は七〇メートルも上昇する。しかし海の面積三・六億平方キロメートルを五〇センチ上昇させるだけでも、南極大陸の全表面の氷が平均一三メートル以上融けなければならない。

CO_2による地球規模の温暖化が原因で北極の氷が減少するなら、やはり南極の氷も減るは

【図33】南極の海氷面積の変化

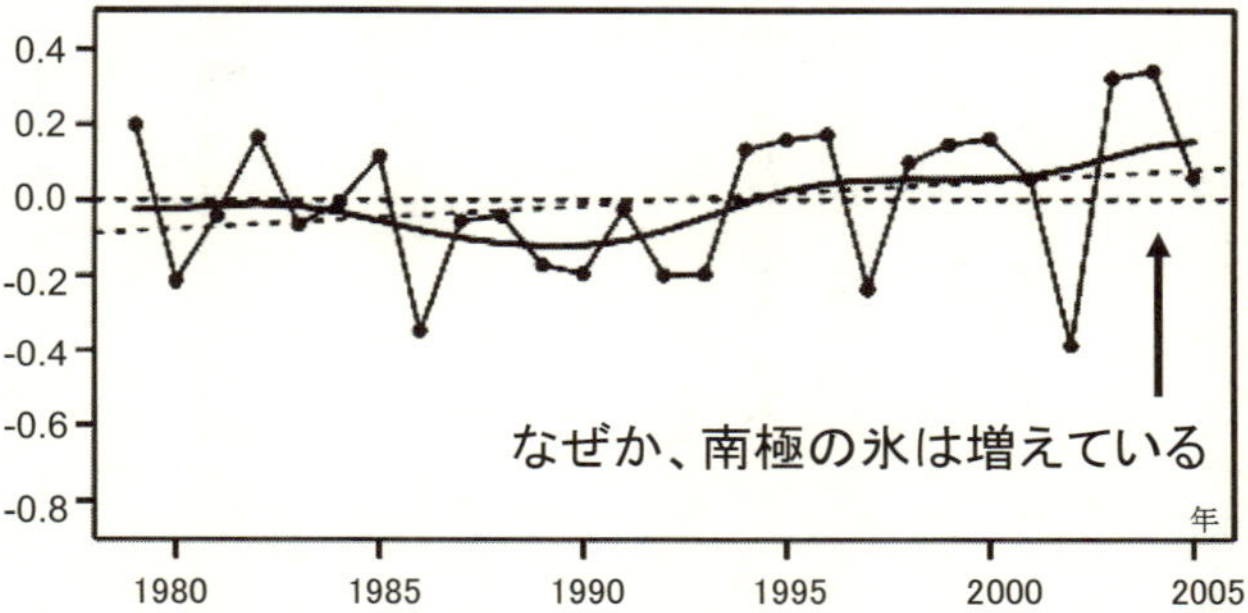

1979〜2005年における平年差。IPCC 第4次評価報告書（2007年11月17日）、所載の図より。

ずである。そして、南極の氷が融けて、地球のそちこちが水没すると大騒ぎしてきた。

ところが実際には、IPCCの予測が外れて、第四次評価報告書に掲載された【図33】のように南極の氷は増え続けているのだ。そのため、説明に困ったCO_2温暖化論者は、南極の現状についてまったく口をぬぐって、矛先を北極に向けてきたのである。例年の二倍の厚さの氷と積雪に進路を阻まれ、南極観測船「しらせ」が昭和基地にようやく接岸できたのは、二〇一〇年一月一〇日の最近の出来事である。

南極や氷河の氷はなぜ崩れるのだろうか。暖かいから？　とんでもない。「棚氷が融ける」と大騒ぎし、環境破壊だと叫び回る人たちは小学生の算数もできないのだろうか。特別の知識は必要ない。読者が百科事典を開けば、「南極の氷の厚さは、平均すると二五〇〇メートルある」と書いてあるはずだ。この厚さの氷で一体、どれほど巨大な圧力がかかるか。縦・横・高さ一メートルのサイコロに水を入れると、水の比重を一として、一トンになる。氷の比重は、先に述べたように水よりわずかに小さいので、一平方メートルあたり二二九二トンの重さがかかっている。ざっと、畳半分に二〇〇〇トン近いと想像すればよい。この重さで、崩れないはずがない。

そのため、氷は自分の重さで、海に面した端から次々に崩落するのである。太古の昔から、南極や氷河の氷は崩れてきたのだ。NHKの報道部は、この算数ができないために、ニュース冒頭に氷河の崩落画面を映し出して、「あしたのエコでは遅すぎる」と言うのである。「もう手遅れだ」とテレビで叫び回る写真家や評論家、芸能人、大学教授、報道関係者を見ていると、小学生でもできる掛け算ができないのだから、私は、本当にもう日本は手遅れだと思うことがある。

そもそも、温暖化論に乗ったセンセーショナルな二酸化炭素狂想曲が始まった二〇年前は、北極ではなく、南極の氷の融解を脅迫のネタにしたストーリーだったことを思い出してほしい。一〇年前までは、「南極の氷が融けて海面が上昇する」と騒いでいたが、現在では「南極の氷が融ける」という科学者が、いなくなってしまった。お粗末の一席！

それで、北極も大丈夫だと分ってくると、今度はどこかに問題がないかと、ようやく捜し当てたのが氷河で、ここ数年、報道番組のキャスターたちが氷河は大丈夫かと騒ぎ始めたのである。自分の過ちを正さず、話題のネタ探しに忙しい人間たちだ。

これも、北極圏を最もよく知る赤祖父氏の著書『正しく知る地球温暖化』が、各地の実録を写真と図解で示して、徹底的に実証しているので、その結論だけを書くと、アラスカでも、アルプスでも、ニュージーランドでも、グリーンランドでも、氷河の後退が始まったのは、CO_2が大量に排出されるよりはるか前、実に人類がまだ石炭掘りをしていた一八〜一九世紀からである。アフリカのキリマンジャロ山頂の気温は、一年中マイナス六℃であるので、氷河が融けることはない。記録がある一九六〇年頃から、何の変化も起こっていない。にもかかわらず、キリマンジャロの氷河が温暖化のために後退していると大騒ぎする現状に、あきれている。つまり後退は、すでに述べた小氷期から温暖期に向かい始めると同時に起こり始めた、かなり古くから続く自然現象である。

赤祖父氏の著書に疑いを持つ読者は、むしろ二酸化炭素温暖化論者の言葉を聞きたいだろう。ならば先に紹介したブライアン・フェイガン著『歴史を変えた気候大変動』二一九頁を見ればよい。赤祖父氏の著書と同じ氷河後退の歴史図が出ているので驚くはずだ。

このような氷河後退が昔から起こっている自然現象であることも、私はこれら最近の本を読む前、二〇年以上前から知っていた。一九八七年、つまり二三年前に出版されたNHK大型企画『地球大紀行6　氷河期襲来』(NHK・開隆堂)の一五頁に【図34】のカラー写真が掲載され、五一頁に解説文がある。アラスカのメンデンホール氷河は一二〇〜一三〇年前には、現在より四〇〇メートルも前進していた。その後、氷河は少しずつ後退してきた、と書いてある。同じ年の『NHK地球大紀行4　恐竜の谷の大異変　氷河期襲来』NHK取材班(NHK出版)、一〇五頁にも同様の記述が出ている。意味がお分りだろうか。本の刊行時の一三〇年前は、引き算すると一八五七年になる。つまりこの氷河は、二〇一〇年現在で言えば、一五〇年以上前から後退(消滅)し始めたのである。赤祖父資料とまったく同じ結論になる。どこの図書館にもあるNHKの本なので、読者が万一にも本当に地球を愛していると自分で思うなら、私を信用しないで、自ら本を開いて確認し、自分の

【図34】アラスカのメンデンホール氷河の写真

「アラスカのメンデンホール氷河は120〜130年前には、現在より400mも前進していた。その後、氷河は少しずつ後退してきた」とNHK大型企画『地球大紀行6　氷河期襲来』NHK・開隆堂、1987年、51頁に書かれ、15頁にこの写真が掲載されている。本の刊行時の130年前は1857年になる。つまり、この氷河は現在から見れば150年以上前から後退（消滅）してきた。

意見としてほかの人に話すようにならなければいけない。

本書でたびたびＮＨＫを揶揄してきたのは、CO_2に毒される前のＮＨＫ取材班は、このようにしっかりした知性をもって日本人を啓蒙し、今の取材班のように退化していなかったからである。民放も含めて最近の温暖化報道に従事するテレビ取材班は、ニュース工作班にすぎない。私たちに数々の知恵と知性を授けてくれたすぐれた報道界は、一体どこに消えたのか。

「氷河の氷塊が海中に落下している！　大変だ。温暖化だ」とプラカードを持って叫ぶ人たちには、「一九一二年四月一四日に世界一の豪華客船タイタニック号はなぜ沈没したか？」と質問するだけで充分であろう。四月一〇日にイギリスのサウサンプトン港から処女航海に出たタイタニック号は、氷山に衝突して沈没したのである。その氷山は、グリーンランドの氷河から、毎年、多数の巨大な氷塊が押し出されてきて、海上を浮遊するものであった。氷河の氷は、さきほど南極の氷の重さを小学校の算数で示したように、重いために崩れて、大昔から海に向かって流れているのだ。何を騒ぐか。グリーンランドは、陸地の約九〇％が氷におおわれている。氷床の厚さは、中央部で三二〇〇メートル、平均でも二〇〇〇メートルに達して南極並みである。先に紹介した『地球大紀行6　氷河期襲来』には、グリーンランド中央部の陸地がその氷の重さのため、大きく凹《へこ》んでしまった見事な図が出ている。

イギリスの裁判所・高等法院が、アルバート・ゴアの『不都合な真実』が「グリーンランドをおおう氷が融けて、近い将来に水面が六メートル上昇する可能性がある」と危機を煽《あお》ったことに対して、まったく科学的裏付けがないとの判断を下して、学校でのこの映画の上映に警告を発したのは、そのためである。ごく最近も海外のIPCC御用学者が、流氷がどこそこに流れているので、温暖化の兆候だと騒いで、それをまた日本の新聞各紙が紹介していたが、人類はほぼ絶望的なところにきている。流氷とは、七八頁の【図31】で根本順吉が用いただけでなく、数々の学者が引用してきたように、厳しい寒さの指標なのである。それがなぜ温暖化の兆候なのか。

氷河の話の締めくくりに、IPCCの実態を示す最近のニュースを紹介しておく。何の根拠もなくヒマラヤの氷河が消えると騒いできたIPCCが、その消滅予測時期は二三五〇年と二〇三五年を間違えたと発表し、それをメディアが問《と》い質《ただ》すと、「ヒマラヤの氷河は消失しない」と認めたのが、二〇一〇年一月である。そもそもヒマラヤの氷河が消失するという科学的知見はどこにもなく、CO_2で騒ぐ運動家のパンフレットに書かれていたデマを引用した、というのだ。二三五〇年と二〇三五年を引き算して、三一五年も間違えるのも大した才能だが、根拠がないと知りながらデマを引用したというから、それには並外れて特殊な知能が必要だ。

炭酸ガスの身になるべきだ。罪もないのに、これだけ悪者にされて、かわいそうだ。IPCCの会議が終ると、みなビールで乾杯しているが、あれは、炭酸ガスがぶくぶく出ている飲み物だというのに。

温暖化で山火事が起こる?

山火事も、北極圏研究の第一人者・赤祖父氏が『正しく知る地球温暖化』で、以下のように説明する。北極圏の大森林で発生する山火事は、北極圏に大きな植物帯が存在するために起こる自然の輪廻の一部である。日本で報じられているような温暖化による異常現象ではない。落雷➡森林火災➡小さな植物の発生➡小動物が来訪➡大きな動物が来訪……こうして数百年の周期で森林が常に生まれ変っている、と述べているが、まったくその通り、山火事は太古の昔から起こってきた自然現象である。

近年アメリカで山火事が増え、大災害化していると騒がれるが、これは誤報の最たるもの。英語では、山火事をワイルドファイアという。一九八八年のイエローストーン・ワイルドファイアでは、一五八万エーカーという焼失面積を記録して温暖化のせいだと騒がれたが、アメリカ火災局の記録では、それよりはるか昔の一九一〇年のグレート・アイダホ・ワイルドファイアではその二倍の三〇〇万エーカーが焼失している。それより前の一九世紀には、一八九四年のウィスコンシン・ワイルドファイアで数百万エーカー、一八七一年のペシュティゴ・ワイルドファイアで三七八万エーカーと、はるかに大規模の山火事が頻発している。一八七一年は明治四年、日本ではまだチョンマゲの時代にあり、後年の石油王ロックフェラーが小さなスタンダード石油を創業した翌年にあたり、人類が石油時代の第一歩を踏み出した大昔である。つまり人為的な二酸化炭素の排出は無関係である。

最近の例を引けば、二〇〇三年に温暖化の兆候と大々的に報道されたカリフォルニア州の山火事は、それらより一桁《ひとけた》小さい七四万エーカーの焼失だった。しかも原因は放火であったのに、日本の新聞とテレビはその部分を小声でしか報じなかった。

二〇〇九年二月にオーストラリア南部で森林火災が発生し、数百の人命と数千の家屋が失われ、オーストラリア史上最大の森林火災による災害となった。そのため、旱魃《かんばつ》や猛暑が原因だと騒がれたが、最大の原因は、人口増加で住宅地域が広がり、自然な森林の内部にまで人間が進出していったことにあった。また、先住民のアボリジニが数万年という長い歳月にわたって続けてきた野焼き（ブッシュファイア）が、西欧環境保護団体のヒステリックな「自然破壊だ」という反対運動のためにできなくなり、長年、森林が手入れされずに放置されていたことが、延焼を拡大した原因であった。

戦後すぐの一九五一年にディズニーの古典的名画「バンビ」が日本公開され、小学生がみな映画館でこれを見た。子鹿が母と別れて苦難のなかで成長する様が山火事と共に描かれたが、人間がどれほど動物を苦しめるかを訴えていた。この原作が書かれたのは、一九二三年である。

温暖化のためハリケーンや台風が増えている？

次は、温暖化教の学者がシミュレーションで人類を恫喝《どうかつ》するのにしばしば使われるハリケーンや台風の増加である。一九〇〇年以降にアメリカに甚大な被害を与えた巨大ハリケーンの発生年を、その規模と死者で示すと、【図35】の通りである。二〇〇五年にハリケーン・カトリーナがアメリカ南部を襲って大被害を出し、これもCO_2温暖化教に利用されてきたが、これは、実は半世紀も大規模ハリケーンの被害がなかったために、ブッシュ政権

【図35】1900年以降にアメリカに甚大な被害を与えた巨大ハリケーンの規模と死者

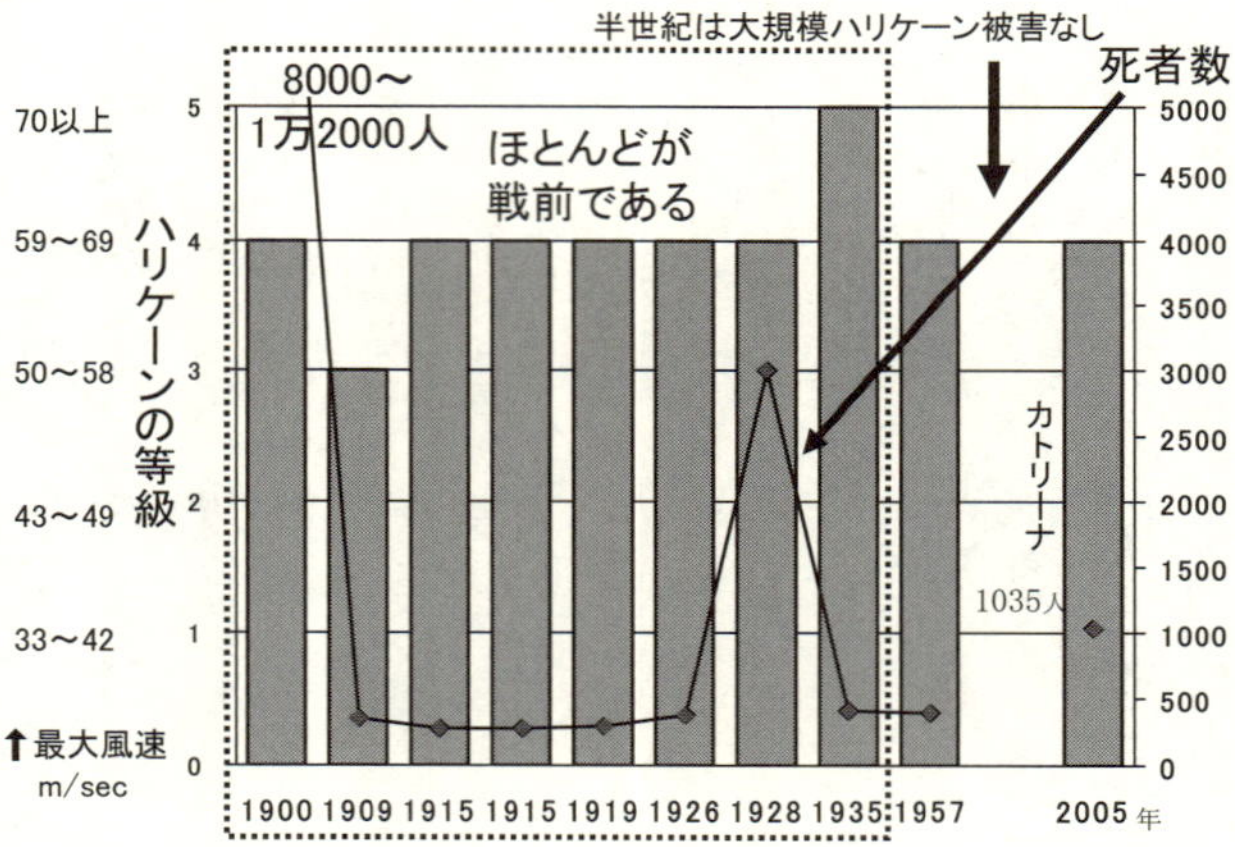

アメリカ海洋大気局（NOAA）資料より。

の無策が被害を大きくした一面もあってて大きなニュースとなっただけである。等級で分類される巨大ハリケーンのほとんどが戦前に発生したものである。

日本でも、二〇〇四年に史上最多の台風一〇個が上陸して、二酸化炭素のせいだと大騒ぎする人間がぞろぞろ出てきた。だが、その後ますます二酸化炭素が増加しながら、二〇〇八年は逆に台風上陸ゼロの年となった。そのため雨も少なく、秋の紅葉は映えなかった。騒いだ人間に、この事実についての科学的解説を聞

【図36】日本近海における台風の発生数

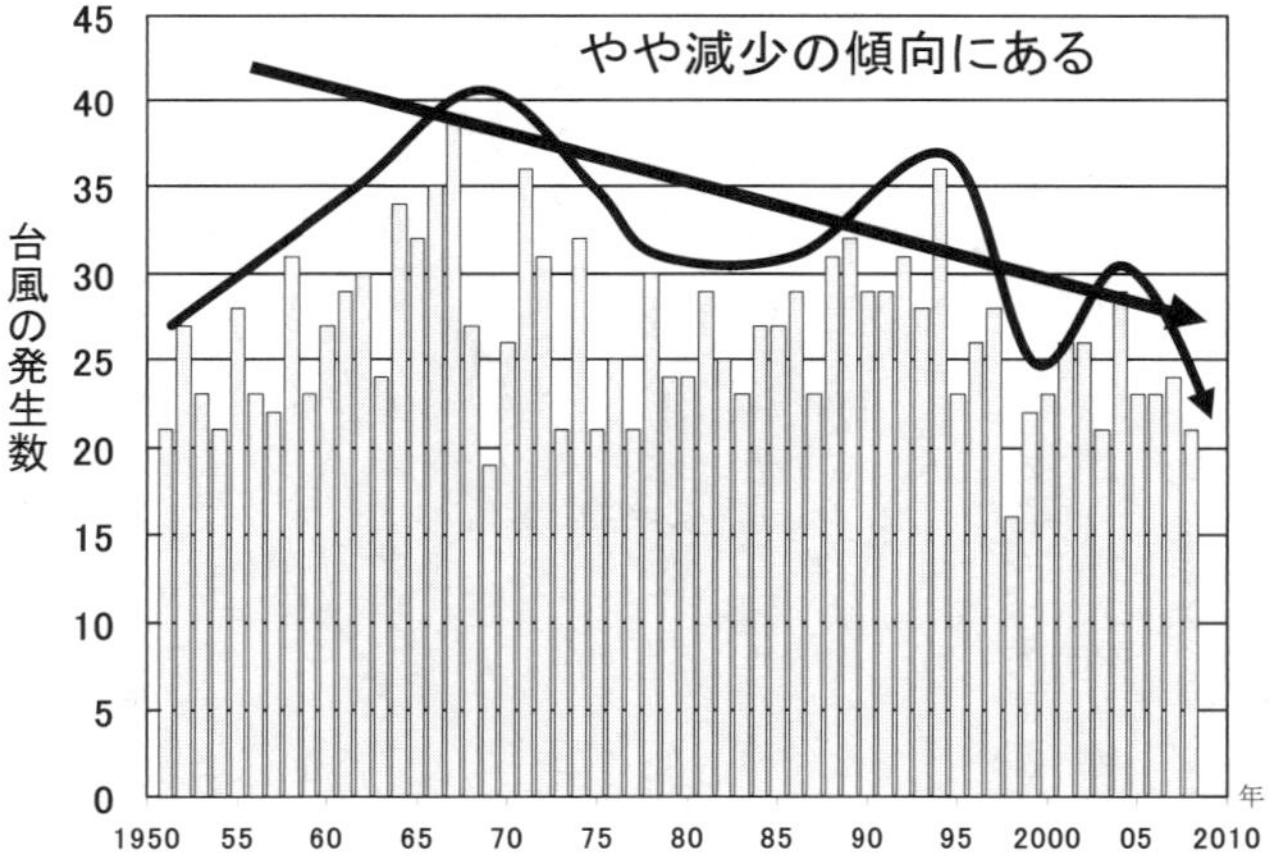

気象庁データより。

かせてもらいたい。

【図36】のように、台風の発生数は、むしろやや減少の傾向にある。われわれ高齢者は、昔の台風がどれほど大災害をもたらしたかを知っている。台風被害者の悲劇を環境保護運動家が騒ぎ、それをIPCC集団が悪用することが習いとなっているが、環境保護運動はそれでいいのだろうか。若い世代は特に、現代の大人を信用せず、自分たちが知らない古い資料に目を通してから、ものごとを考える必要がある。

台風の日本上陸数は、まったく気まぐれで何ら規則性がない。二〇〇四年の異常については、どの学者も指摘していないことがある。私が台風の発生源であるフィリピン海の海水温を調べたところ、夏からかなりの異常分布が認められたので、海底でマグマが噴出しているために台風が急増したのではないか、ひょっとして大地震が起こる兆候ではないかと、ひとり一抹の不安を抱いていた。案の定、その年末の一二月二六日にフィリピン海に連なるオーストラリア・プレートが動いて、インドネシアのスマトラ島沖で巨大地震津波が起こり、死者・行方不明が三〇万人近い被害が出た。私の直感は、まったくの素人考えだが、悲しいことに的中した。人間は、深海に潜って一時期の海底を調べることができても、今後も永遠に、深い海底を恒常的に調べることができないのである。

そのため、二〇〇八年五月二日〜三日にミャンマーを巨大サイクロンが襲って、一〇万人を超える死者が出た時も、私はまたその一帯での大地震を予感しなければならなかった。案の定、その直後の五月一二日（北京オリンピック前）に中国四川省でマグニチュード八という巨大地震が起こり、死者・行方不明者八万人以上の大被害が出た。ミャンマーを襲う巨大サイクロンの発生源は、インドの東側にあるベンガル湾である。そこは同時に、二〇〇四年のスマトラ島沖巨大地震の震源域でもある。私が大地震をおそれた理由は、七〇〇〇万年ほど前に、インド亜大陸が、現在オーストラリアのある辺りから北上してユーラシア大陸に激突して今のように大陸と一体化し、その巨大な力でエヴェレストなどのヒマラヤ山脈をつくった地球の造山運動にある。その北上する線上にできたのが、四川省を襲った巨大地震の断裂帯である。なぜ地震学者が、海底の異変（マグマ）と、サイクロンや台風との関連に注目しないのか、私には不思議でならない。地球が地震の激動期に入って、大地を揺るがす地震がこわくないのだろうか。地震の危険性については、八月刊行の『原子炉時限爆弾〜大地震におびえる日本列島』（広瀬隆著、ダイヤモンド社）をぜひお読みいただきたい。

海面水位はこれからどうなるか

一九八八年にＩＰＣＣが設立された時、初代議長に就任したバート・ボリンは、「二〇二〇年には、ロンドンもニューヨークも水没し、北極圏のツンドラ帯だったアラスカやシベリアで家畜を飼えるようになる」と予言した。一〇年後には、ロンドンもニューヨークもなくなっている？

【図37】日本沿岸の海面水位の変化

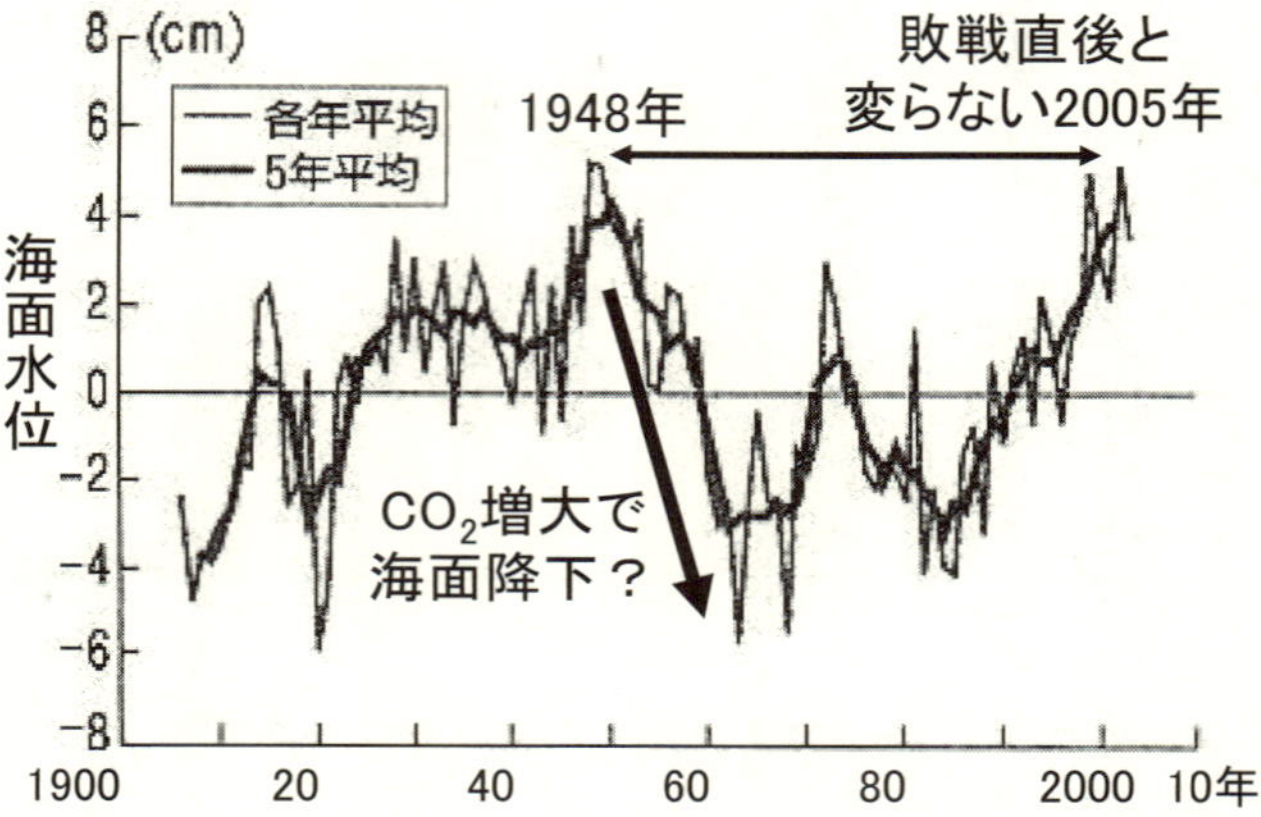

100年平均をゼロとした日本の海面水位は、二酸化炭素の増加とまったく無関係に上下動している。検潮所は北海道小樽市の忍路（おしょろ）、石川県の輪島、島根県の浜田、和歌山県の串本、宮崎県日向市の細島（ほそしま）の五ヶ所。朝日新聞2005年１月22日所載の図より。

それを受け継いだ温暖化教は、「海水面の上昇により、南太平洋の島国は海中深くに没してしまう」と騒ぎ立ててきた。二〇〇五年一月二二日の朝日新聞夕刊は、一面トップで「日本の潮位、過去最高」の大見出しをつけ、「温暖化も一因か」の小見出しをつけた。そこに「日本沿岸の海面水位の変化」と題した【図37】のグラフが掲載されていたのだが、私には、この記事の意図するところが理解できないのである。グラフの海面水位は、敗戦直後の一九四八年を

【図38】関東大震災（1923年９月1日）後の激しい地盤の上下動

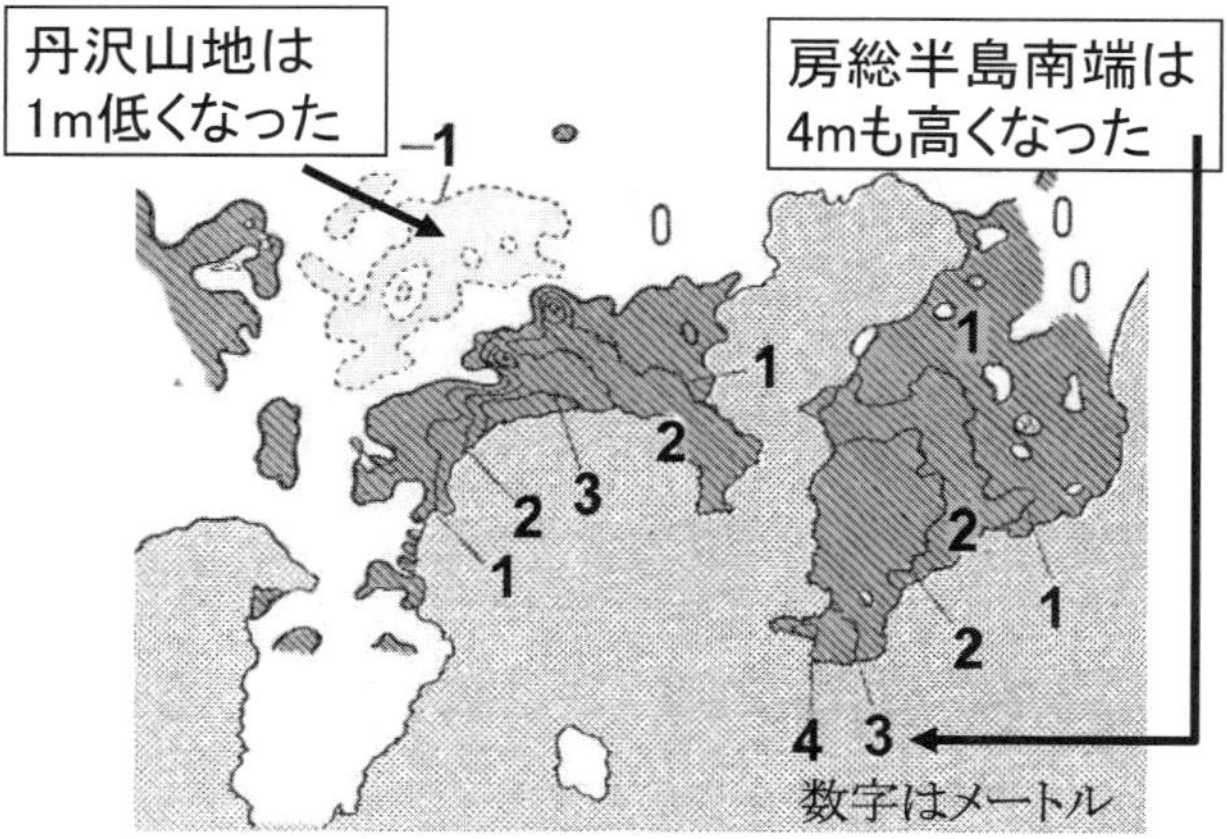

『科学の事典』岩波書店、1982年版、所載の図より。

ピークに、二酸化炭素の排出量がぐんぐん増え始めたのに反比例して、一九六〇年代に急降下しているではないか。しかも最近が過去最高だからといって、一九四八年とほとんど変らない高さではないか。

そもそも、地球の表面（プレート）が動いているので、人間が海面水位の絶対値を測定することはできないのである。二〇〇七年の新潟県中越沖地震では、柏崎《かしわざき》海岸の土地が海面に対してそれまでより三五センチも隆起したが、これは地震としては小さな変化である。江戸時代、一八〇四年の象潟《きさかた》地震では、前日までの秋田の風景は一変し、鳥海山を背にした松島のようなのどかな象潟が、一気に九メートル余り隆起し、そのため海に浮かぶ島々が丘になり、入江のあとは田圃《たんぼ》に変り、やがて羽越線が走る現在の姿に豹変《ひょうへん》した、と『日本列島』湊正雄・井尻正二著、岩波新書に書かれている。一九二三年の関東大震災では、【図38】の通り、房総半島南端が四メートルも高くなり、丹沢山地が一メートル低くなった。これらはメートル単位の変化である。

過去七〇万年間の海面変化は、【図39】の通り、大西洋の堆積物の酸素同位体から求めた古氷河量の変化は一〇万年周期で温暖化が起こったことを証明している。そしてこの温暖化と寒冷化のピーク時期を比較すると、相対的海面水位に換算して一二〇メートルも周期的に変化してきた。いま南極の氷が全部融けても海面は七〇メートルしか上昇しないのに、なぜ一二〇メートルも上昇したかといえば、現在の温暖期（間氷期）と違って、氷期には北欧のスカンジナビア氷床や北米のローレンタイド氷床などの巨大な氷床があり、当時の氷の体積は、推定で現在の南極とグリーンランドにある氷を合わせたその三倍近くあって、それが融けたからである。

【図39】過去70万年間の海面変化を示す古氷河量曲線

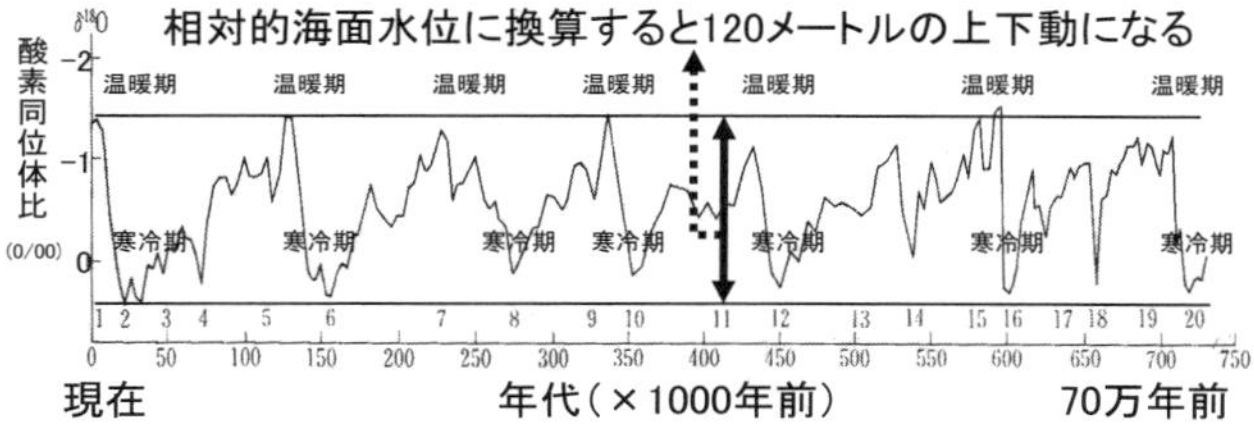

時間軸は左側が現在になっている。1～20は酸素同位体番号。大西洋のコアの酸素同位体^{18}Oから求めた古氷河量の変化は、10万年周期で温暖化が起こったことを示している。シカゴ大学 Emiliani とケンブリッジ大学 Shackleton たちの研究により、深海堆積物中に含まれるプランクトンの一種、浮遊性有孔虫類の殻の酸素同位体比の変化をもとに、古氷河量を復元し、これをもとに海面変化を推定できるようになった。『百年・千年・万年後の日本の自然と人類　第四紀研究にもとづく将来予測』日本第四紀学会編、古今書院、1987年、所載の図（Emiliani、1978年）より。

　ところが現在議論している海水面の上昇率は、過去一〇〇年間の平均で、年間一・七ミリでしかないのだ。一〇万分の一の変化に目くじらを立てている人がほとんどなのだ。赤祖父氏の著書を見てから、大変面白いことに気づいたので紹介しておく。

　赤祖父氏の著書（二〇〇八年）には【図40】のグラフが出ていた。一方、最新のＩＰＣＣ第四次評価報告書（二〇〇七年）には【図41】のグラフが出ていた。お気づきだろうか。ＩＰＣＣグラフでは、海水面が一方的に上昇しているとしか見えないが、それは一八六〇年以前の変化

【図40】1800年から現在までの海水面の変化

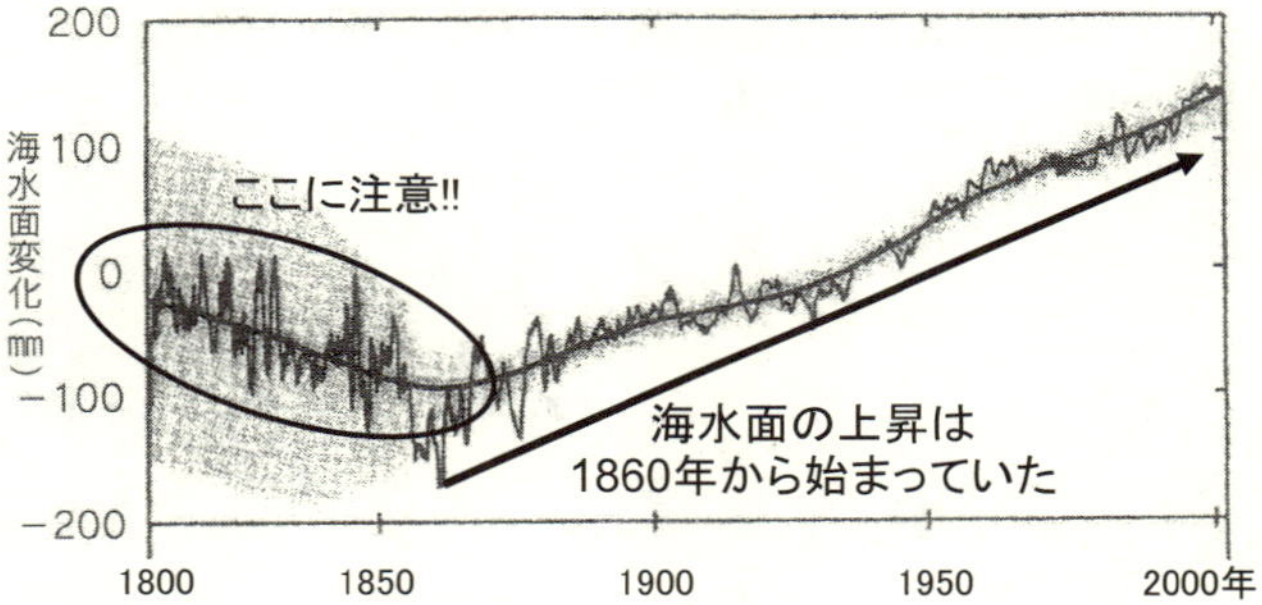

海水面は1860年まで減少していたが、その後連続的に上昇し、1900年から現在まで約150mm 上昇した。『正しく知る地球温暖化』赤祖父俊一著、誠文堂新光社、2008年、所載の図（Jevrejeva、2006年）より。

【図41】IPCC 報告書による世界平均海面水位の変化

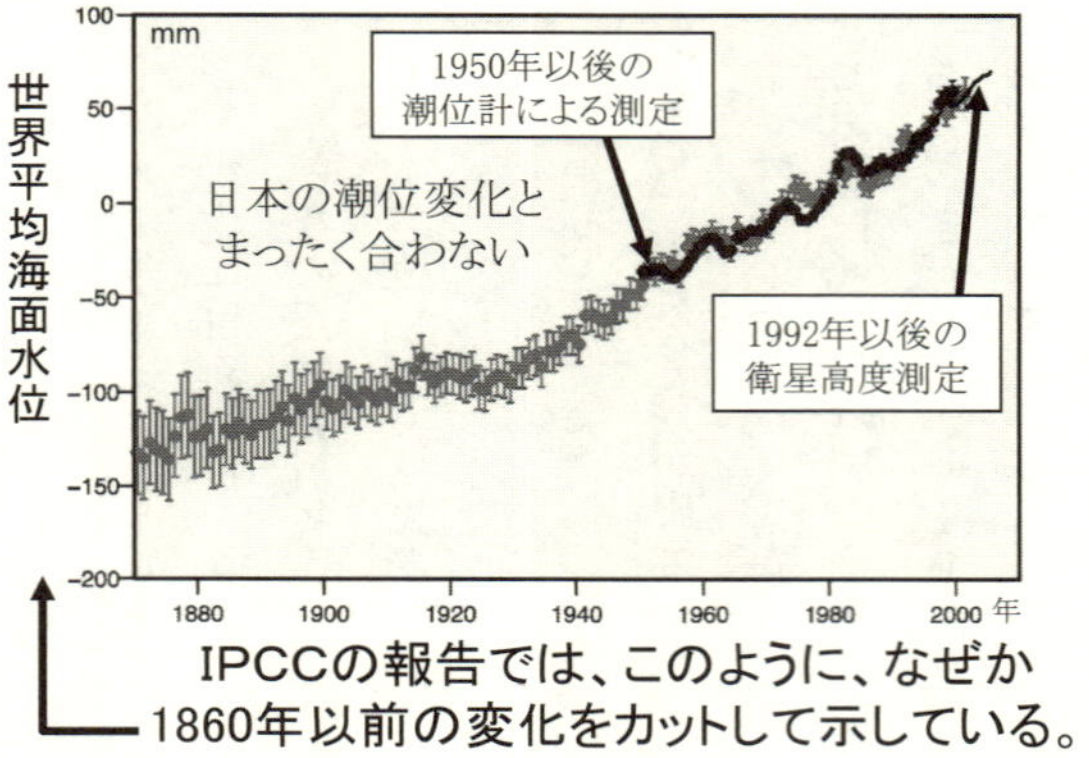

基準は1961〜90年の平均値。IPCC 第 4 次評価報告書（2007年11月17日）より。

をカットしているからである。何を意図してカットしたかは、誰にも分るはずだ。「海水面は高くなり続けているぞ」とおどすためである。

この巧みな筆さばき、肝心のところを脚色して、するりと事実をかわすテクニックには、驚嘆すべきものがある。IPCCにノーベル平和賞を与えたのは間違いである。IPCCには、ノーベルSF文学賞を与えるべきであった。

一〇〇年後の海水面は、なぜか、一九九五年の第二次報告でIPCC予測が最大九四センチと大きく、続く二〇〇一年の第三次報告では、最大八八センチと低下した。新聞とテレビがこの最大値を取りあげて、「一メートルも上昇する。ツバルが水没する」と大騒ぎしたが、IPCC幹部と新聞・テレビ記者の性格が、瓜二つだというところが問題である。その後、二〇〇七年第四次報告の予測では最大五九センチに下がり、報告のたびに低くなってくるのは、一体どうしたわけか。いや、最低の予測では、一〇〇年後にもたった一八センチなのである。そもそも、海没騒動のシンボルに祭り上げられてきたツバルの海面水位は、ハワイ大学の測定で、一九七七〜九九年末までの二二年間で二センチしか上昇していないし、この数値そのものが、地盤沈下による潮位計の誤差だと批判され、今では「海面がわずかに上昇したらしい」と小声で言う人間がわずかに残っているにすぎない。

私は、気象変化とは無関係の理由から、大洋に浮かぶ島が海没する可能性はあると思っている。過去に火山活動の記録がなかった小笠原諸島の西之島近くで一九七三年に火山活動が始まり、海面上に火山島が姿を現わし、西之島新島《しんとう》と名付けられた。日本そのものが環太平洋火山帯・地震帯だから、私たちは宿命的に大変な地域に住んでいると思っているし、大洋に浮かぶ島の盛衰は、はるかに不確実なものである。

【図42】のCO_2増加グラフは、ほとんどの人が目にしてきただろう。このグラフを見るとCO_2がとてつもなく増加したように感じるが、基線がゼロではないのである。ゼロを基点にしてグラフを描くと【図43】になる。細部を拡大して、世界中をおどしてきたトリックの最たるものである。単位はｐｐｍ、つまり百万分の一である。熱力学を知っていれば、過去半世紀で、空気中の分子の一万粒のうち三粒が四粒に近づいて、それほど地球が激変すると考えることがおかしいと、すぐに気づくべきである。

【図42】 二酸化炭素（炭酸ガス）の増加を示す観測値

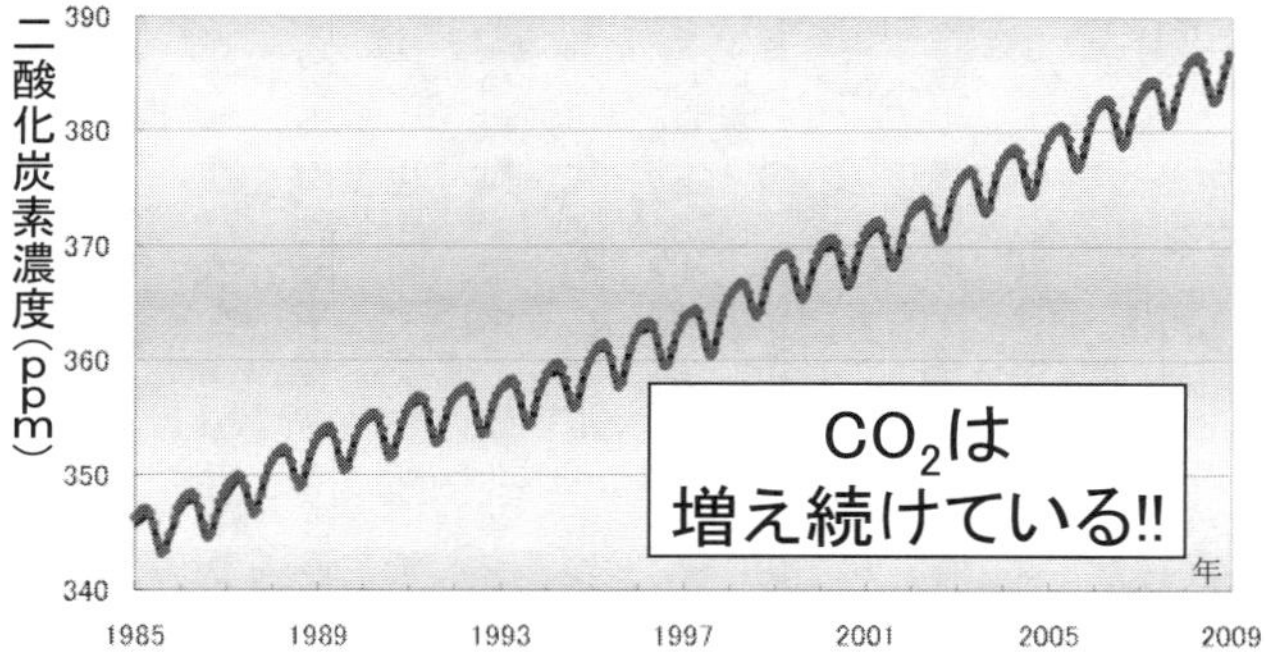

気象庁公表図。

【図43】 大気中の二酸化炭素濃度をゼロ基準で示したグラフ

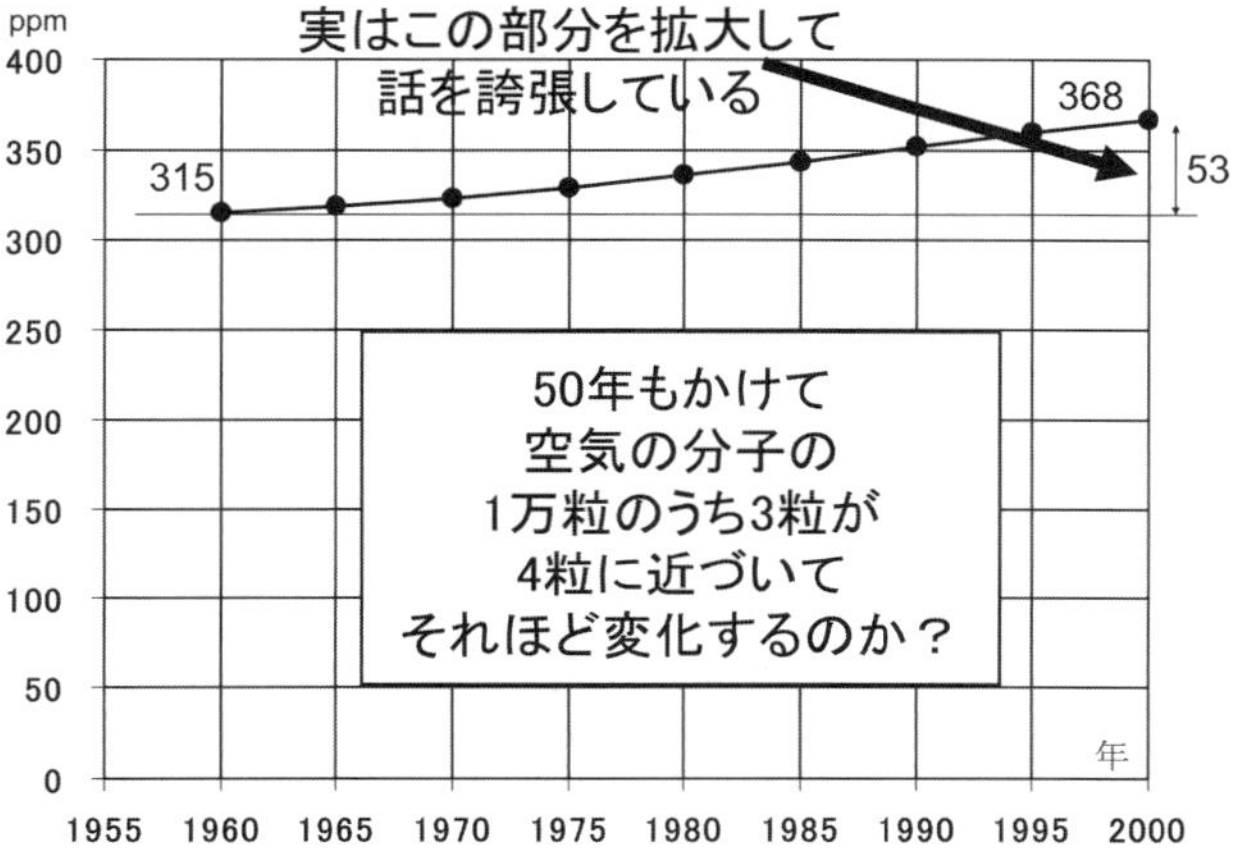

異常な寒さをまったくニュースにしない「異常なメディア」

講演会では、ここ一〇年ほど何が起こってきたかを、来場者に問うようにしている。読者は、以下の記録を、ゆっくり読んでいただきたい。

二〇〇一年一月、シベリアに過去一〇〇年間で初めてという連続的寒波が襲いかかり、一月七日にはクラスノヤルスク地方で、氷点下六〇℃という極低温を記録した。そのため、五月には、北極海の結氷のためレナ川の下流に水が流れず、シベリアで大洪水が発生し、一〇〇〇軒以上の家が流された。

二〇〇〇年末～二〇〇一年初めにかけてモンゴルを襲った雪害（ゾド）によって死亡した家畜は、家畜総数の約九％に相当する二七六万頭に達し、基幹産業である牧畜業が壊滅的な打撃を受けた。地球が温暖化したのでモンゴルが大冷害となったのだろうか。

二〇〇一年三月、異常な寒気のため、北海道ではオホーツク海の流氷が一九七八年二月以来の結氷を記録した。

二〇〇二年八月、ヨーロッパ中部で水害が発生し、死者八〇人以上を出した。チェコではヴルタヴァ川が大洪水のため、カレル橋が通行禁止となり、五万人が避難した。「温暖化の被害だ」と騒ぐ人間が続出したが、よく聞くと、これほどの洪水は、一一二年ぶりだという。つまり、大昔にもこのようなことがあったのだ。

二〇〇二年一一月には、北陸では新潟、金沢市をはじめ、富山、福井市も観測史上で最も早く初雪が観測され、七〇年ぶりの記録更新となった。青森市では一二月一一日に大雪が降り、観測を始めた一九五三年以来、観測史上最高の一日降雪量六七センチを記録した。

二〇〇三年一月のモスクワは二〇年ぶりの厳寒に襲われた。

二〇〇三年一月、インドの北部〜東部やバングラデシュ、ネパールが前年末から厳しい寒波に襲われ、一ヶ月のあいだに、バングラデシュで五〇〇人以上、インドで四〇〇人以上の凍死者が出た。

二〇〇三年一月二九日深夜から三〇日未明にかけて冷え込みが続き、東広島市では三〇日午前一時に観測史上最低の氷点下一一・八℃を記録した。

二〇〇三年二月一五〜一六日にかけて、アメリカ東海岸に大雪が降り続き、ワシントン市周辺では三〇センチを超える記録的豪雪となった。三月には五大湖のスペリオル湖が一九七九年以来の寒さで記録的な凍結となった。

二〇〇五年一二月～二〇〇六年二月に「平成一八年豪雪」が日本を襲った。二〇〇五年一二月から全国的に極端な低温に襲われ、東日本・西日本で一九四六年以降で最低気温の記録を更新し、全国の降雪観測地点三三九ヶ所のうち二三地点で観測開始以来の最深積雪記録を更新した。

二〇〇七年二月一四日、ネパールの首都カトマンズで、一九四四年一月に記録されて以来、六三年ぶりに雪が降り、カトマンズ盆地を囲む山々が白く雪化粧した。ネパールはヒマラヤ山脈の一角にあるが、冬も比較的暖かく、首都の降雪はまずない地方である。

二〇〇八年一月一一日早朝、イラクの首都バグダッドで一〇〇年ぶりの雪が降った。雪は夜明け前から降り出し、数時間続いた。イラクでは山岳地帯を抱える北部のクルド人自治区以外で、雪が降ることはない。

二〇〇八年一月一〇日から、中国中部を中心に大雪の被害が続き、二七日までに死者一八人、被災者五八三五万人、直接の経済損失は一五三億元になった。中国では過去三〇年で最大の雪害となった。

二〇〇八年九月、アフリカのケニア中部全域で降るはずのない雹《ひょう》が降った。
二〇〇八年一二月一七〜一八日、アメリカのネバダ州の砂漠地帯にあるラスヴェガスで、一九三七年以来最高の九センチを超える積雪を記録した。

以上はいずれも二〇〇一〜二〇〇八年の出来事である。これらを記憶している人はいますか？　つまりこれが、本書巻頭に示した【図1】グラフの過去一〇年ほどの寒冷化を示す実情なのである。異常な寒さをまったくニュースにしない「異常なメディア」の日本では、ほとんどの人が、これを記憶していないのも道理である。一方で、旱魃や山火事、高温については、くり返し報道し、原因不明の現象はすべてCO_2が原因とする。

ＩＰＣＣは、「一九八〇年頃からの急激な気温上昇は一〇〇年で一・七七℃にもなり、氷河期からの回復による一〇〇年で〇・五℃の上昇では説明できない。一九八〇年以降の気温上昇は人為的なCO_2が主因と見るのが自然だ」と言うが、おや？　自説に都合よく、なぜ「気温上昇が顕著だった時期だけ」をとらえて、そのように主張するのか。一九八〇年以前と以降でCO_2の増加率は変らないのに、なぜ、突然に気温上昇率が上がったかを説明していない。急激な気温上昇は、ほんの十数年間だけではないか、とまともな学者が異口同

【図44】地球の気温を左右する？　もう一つの謎のグラフ

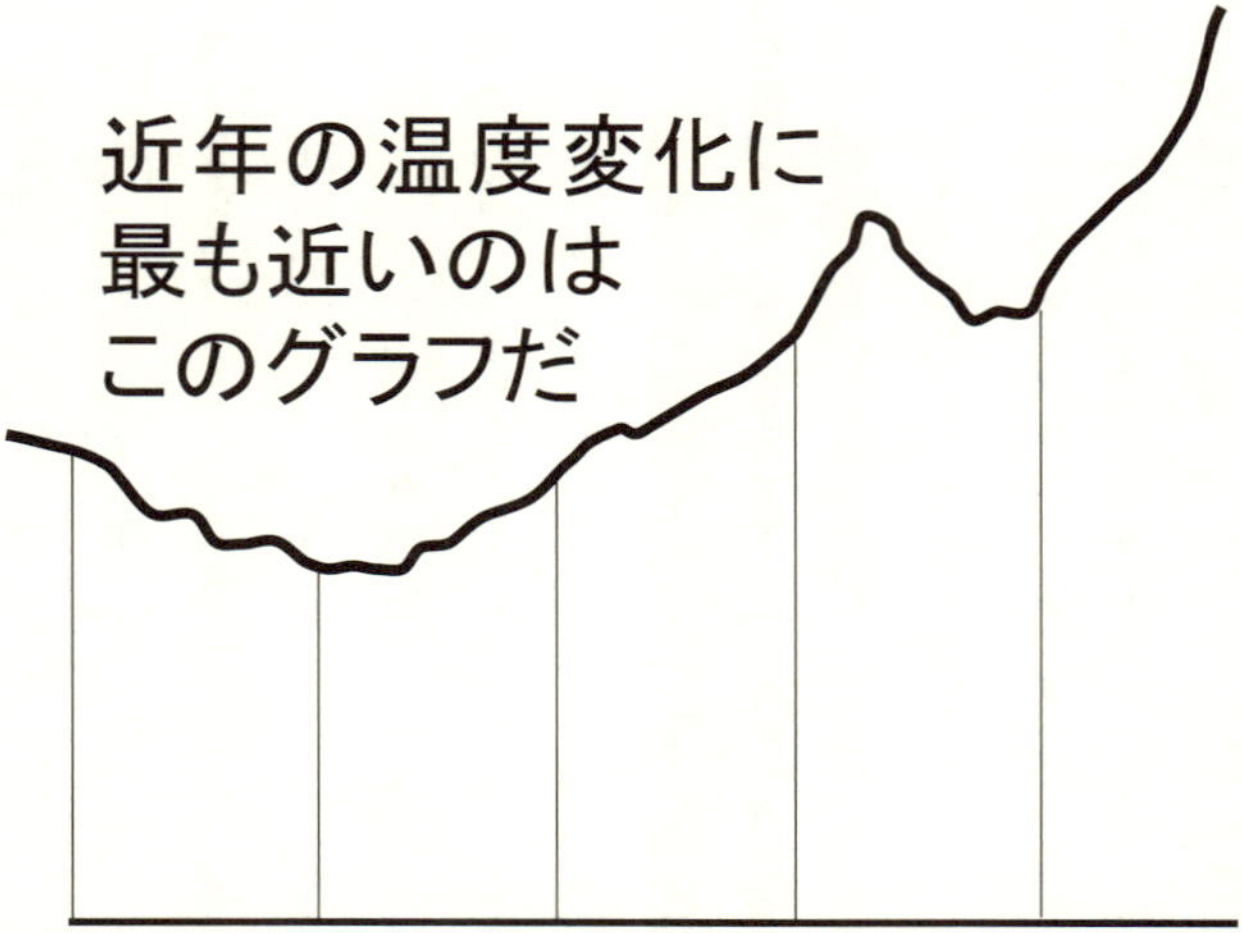
近年の温度変化に
最も近いのは
このグラフだ

音に尋ねているのである。二〇〇〇年代に入って、中国・インドをはじめとする新興国からの膨大な二酸化炭素の排出量増加が続いてきたのに、気温上昇が逆に止まって、今述べたような寒冷化ニュースを大きくとりあげないのはなぜなのか、と尋ねているのである。CO_2増加と矛盾する一九六〇〜七〇年代の寒冷化をどのように説明できるのか、と。

ＩＰＣＣが「CO_2が増加すると、地球の気温が上昇する」という矛盾だらけの主張をしてきたのに対して、どの人も気づいていないが、近年の温度変化に最も近いのは【図44】のグラフなのである。これが何の変化かと言えば、一九五〇〜九八年の日本の離婚率なのである。これが実によく、気温変化と合致しているのだ。——一〇〇年前から増加しているのは二酸化炭素だけではない。妊娠中絶も増加しているし、離婚も増加している。両方が増えたからといって、「離婚が増えると地球の平均気温が上がる」とは誰も言わない。二酸化炭素温暖化説は仮説にすぎないのだ。——と私が書いたのは、九年も前の二〇〇一年に発刊した『燃料電池が世界を変える　エネルギー革命最前線』（NHK出版）という書である。二つの事実の傾向が同じだからと言って、それをすぐに結びつけるのはオッチョコチョイがやることだ。当時私がCO_2温暖化説を批判してから、人類はまったく進歩していない。

なぜ膨大な数の人間がこれを信じたかと言えば、星占いの性格判断と同じである。生まれた星座によって人間の性格が決まると聞かされると、かなりの人がなるほどと感じるのは、牡羊《おひつじ》座、魚座などに割り当てられた性格は、すべての人が内に秘めている性格を一二に割り振ったものだから、必ず的中するようになっている。占星術師はうまいことを考えたものだ。A型、B型など血液型による性格判断も同じである。IPCCは温度占いによって、かなり稼いだわけだ。

ここまで古い資料をお読みになってお分りの通り、私の知識の大半は、二〇年以上前からほとんど変っていない。大学の先生の小難しい理論を学ぶ必要など、どこにもない。いまや報道界は不勉強と付和雷同の塊で、誤報だらけである。

ほかにもこれまで述べてきたように、地球の気温を変化させる要因として、ミランコビッチ・サイクル、太陽活動、黒点の増減、宇宙線、地磁気、エルニーニョ、ラニーニャ、偏西風、太平洋振動、ダイポールモード現象、水蒸気、火山の噴火、エアロゾル、太陽光線を反射するアルベド効果など数々ある。なぜ「人為的なCO_2が主因と見るのが自然」なのか。結論を、いきなり「都合のよい話」にジャンプさせてはいけない。その人間たちが『不都合な真実』と叫ぶのは、冗談がすぎる。

地球の気温を計算するために使われる物理化学（熱力学）の数式は、いずれも実験室的な閉鎖空間を想定して、一定の条件下で成り立つものにすぎない。複雑きわまりない大気圏の計算をおこなうまでの水準に、人類は永遠に到達できない。それを認識することこそ、科学する者の態度である。

人間の知り得る科学では複雑すぎて計算できないことを、強引にコンピューターで計算してみせたが、矛盾だらけだったということにつきる。なぜ将来のシミュレーションを間違えたかという理由がふるっている。IPCCでは、「CO_2増加と温度上昇」の計算結果に関して「目標値」が定められていて、駆り出された自称学者たちに、その目標値に向かって計算を指示したため、彼らが思い思いに計算の指標となる係数（パラメーター）を選んでからスーパーコンピューターに数字をほうりこみ、出てきた数値が目標値と大きく異なると、パラメーターを手直しした後に計算し直し、最後に全員に花丸がついて及第したのだという。及第した彼らには、各国の政府が膨大な研究予算をつけたので、学者という学者がみな、「目標値」に向かって計算をおこなうようになり、新聞とテレビがそれを報道し続けた。この事実を聞けば、科学を真剣に考えてきた人たちは呆然《ぼうぜん》とするだろうが、これがIPCCの実態であった。

私は「一〇〇年後の地球が分るなら、一年後の天気ぐらい、正確に予測できるだろう。予測してみなさい」と言ってきたが、彼らが計算した結果、二〇〇〇年から気温が上昇していないものは一つもなかった。つまり、一〇年前の予測は全滅してしまった。全員落第したのだ。その原因を明らかにしておく必要がある。

水蒸気の作用

温室効果が最も大きいのは二酸化炭素ではなく、水蒸気である。地球を包む温室効果ガスのうち、水蒸気の量は二酸化炭素より一桁大きく、水蒸気同士がもたらす相乗効果を考えれば、私の見るところでは、温室効果の九五％は水蒸気によるものである。

——地球の気象を左右してきたのは、大気中に〇・〇三％の体積しかない二酸化炭素ではない。大気中には水蒸気が重量で一三兆トンもあり、空気の量の〇・二六％を占めているが、湿度の高い所では四％にも達する。この水分が雲をつくって雨と雪を降らせ、蒸発しながら熱を奪い、その水分の保有する巨大な熱量が、気流を起こして風をつくり、全気象を変化させてきたのである。二酸化炭素に赤外線の熱が吸収されても、この熱は膨大な量の水蒸気層に拡散し、一度温まれば水ほど冷えにくい物質はない。熱伝導率が二酸化炭素とほとんど変らない水分である。どちらが気象に影響を与えるかは歴然としている。

これが、九年前に私が『燃料電池が世界を変える』に書いた一節である。化学を学んだ人間の熱力学では、これが常識であるから、CO_2温暖化説に大きな疑問を呈したのだが、当時はまったく無視された。ようやく最近になって、学者たちも「ＩＰＣＣは水蒸気の温室効果を忘れている」と言い出した。

水蒸気の温室効果を分りやすく説明しよう。ヤカンに固体の氷を入れる。それを加熱すると氷が融けて液体の水になる。さらに加熱すると、水が沸騰して、気体の水蒸気ガスになって出てゆく。つまり、このように熱を持った水の気体が水蒸気である。逆に言えば、水蒸気が水になる時に熱が放出される。さらにその水が、氷になる時に熱が放出されるわけである。

地球上の自然界では、水蒸気（気体）が大気中に放出されると雲をつくり、水滴となって雨や雪を降らせる。その雨粒や雪の結晶をつくりながら、今の説明と同じように、液化したり、氷滴となって固化する時に、熱が赤外線となって放出される。この赤外線は、上に向かえば宇宙に放出され、また、まわりの大気中にも放出される。宇宙に出て行けば地球を冷やす作用になるし、地表に向かえば地球の大気を温める作用を持っている。

さらに、地球の気温が温暖化するほど、夏の蒸し暑い時のように水蒸気の空気中の飽和量が高くなるので、大気中の水蒸気が増えてゆく。そして地表からの赤外線を反射して、さらに温暖化作用が高くなる。これが、水蒸気の温暖化効果である。

しかしここから、多くの科学者が、迷路に入って計算できなくなるのである。というのは、たくさんの種類の雲があって、それぞれの特性を持った雲がどのように、どれだけ熱を放射するのか、実際の測定に基づくデータがない。また、大気と海と大地が互いに水分を交換している変化量がどれほどあるのか、これも地域・海域ごとに異なり、実際の測定に基づくデータがない。あるいは、大地の表面ではどれほど水分の呼吸が進行しているのか、雪や氷の物理的な現象として何を考慮しなければならないか、大気汚染などによるエアロゾルの作用がどれほど影響しているか、実は人間には、まだ何も分っていないからである。これは、永遠に計算できない複雑なものだというのが、まともな科学者の認識である。ところがおかしなＩＰＣＣという集団が登場してから、計算できないからこれらをまったく無視する、という非科学的な予測が横行し始めたのだ。

現在のところ、温室効果ガスの寄与率には、科学者によって諸説あるので、断定はできないが、水蒸気の寄与率は、最小の説でも六〇％であり、最大の説では九五％である。

この「水蒸気を除いた場合」には、IPCC第四次報告書からの数字を読み取ると、CO_2——六〇％、メタン——二〇％、フロン類（HFCs、PFCs、SF_6）——一四％、N_2O（一酸化二窒素＝亜酸化窒素）——六％ぐらいと推定されている。つまり現在の温暖化で議論されてきたのは、なぜか「水蒸気を除いた」この四つだけで、とりわけCO_2だけに話が集中していること自体が、おかしいのである。ここに水蒸気を一緒に考慮すると、それぞれの温暖化寄与率は【図45】と【図46】に示したようになる。大気中の量から考えて、水蒸気の温暖化寄与率が六〇％しかないということはあり得ないが、一応その根拠薄弱な意見にしたがってもCO_2の寄与率は二四％しかない。普通に考えられる九〇％以上、最大値の九五％だとして水蒸気を一緒に考慮すると、CO_2の寄与率は三％しかないわけである。なぜこんな小さなものが、全地球の気象を大きく変えるのか。

古代から続いてきた自然界の気温変動が最大の要因であることは、過去の気温グラフから否定しようがない。ところがホッケー・スティックが、その自然変動を無視した。しかもこれっぽっちの二酸化炭素の寄与が、現在の地球温暖化の主因だとする人間は、算数もできないことになる。それ以上に、本書の真の主題は、この先にある。ここまでの温室効

【図45】二酸化炭素の温暖化寄与率（ケース１）

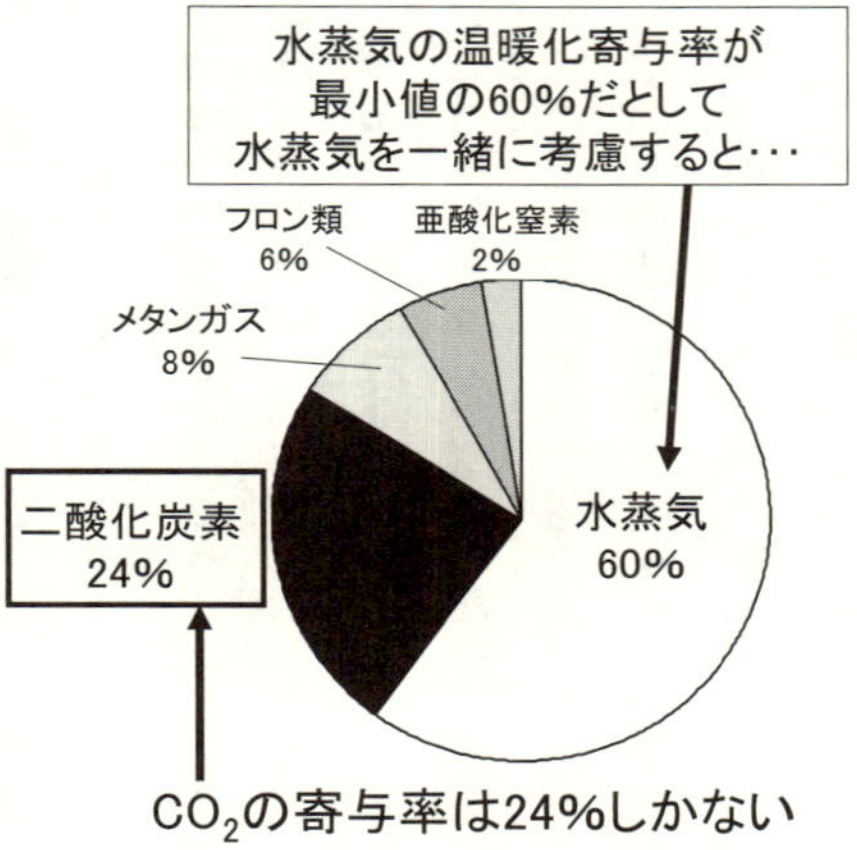
水蒸気の温暖化寄与率が
最小値の60%だとして
水蒸気を一緒に考慮すると・・・
フロン類
6%
亜酸化窒素
2%
メタンガス
8%
二酸化炭素
24%
水蒸気
60%
CO_2の寄与率は24%しかない

【図46】二酸化炭素の温暖化寄与率（ケース２）

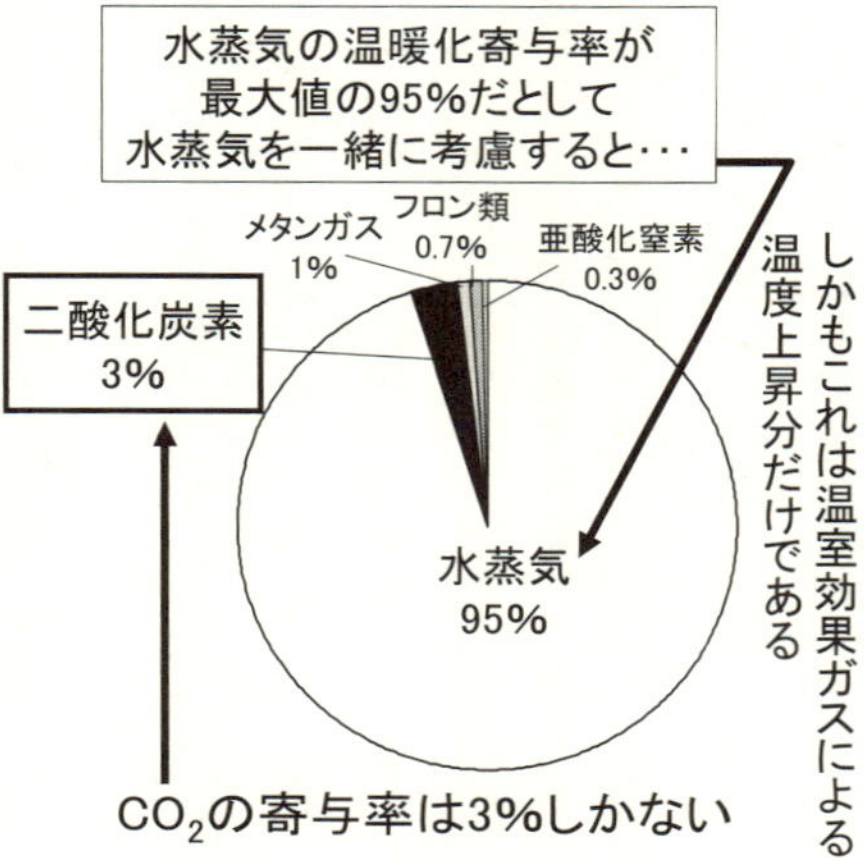
水蒸気の温暖化寄与率が
最大値の95%だとして
水蒸気を一緒に考慮すると・・・
メタンガス
1%
フロン類
0.7%
亜酸化窒素
0.3%
二酸化炭素
3%
水蒸気
95%
しかもこれは温室効果ガスによる
温度上昇分だけである
CO_2の寄与率は3%しかない

果の話は、第二章から述べるヒートアイランドに代表される直接の加熱や排熱による温度上昇をまったく考慮しない計算なのである。それらの寄与率を計算すれば、二酸化炭素による温暖化は、ほとんどないに等しい。

気温上昇と二酸化炭素増加とどちらが先か

ＩＰＣＣはCO_2によって温暖化したと主張するが、実際に二酸化炭素が気温を上昇させてきたのか、それとも逆に、気温が上昇したから二酸化炭素が増えてきたのか。これも、しばしば議論されるテーマである。なぜなら、気温が上昇すると、海水も温められ、コップに注いだビールと同じように、海水中の二酸化炭素が大気中に放出されるからである。しかもこれは、太古から起こってきたことで、気温が上昇すれば、海だけでなく、陸土からもCO_2が放出されることは、誰もが認める現象である。

南極の氷のコアの分析結果では、気温上昇が八〇〇〜一三〇〇年ほどCO_2濃度上昇に先行しているのだ。地球の長い歴史において、氷期から温暖期への移行は、大気中のCO_2濃度の増加と無関係であることが記録から明らかである。むしろ温暖期への移行期から四〇〇〜

【図47】気温の変化と二酸化炭素のどこに関連性があるのか

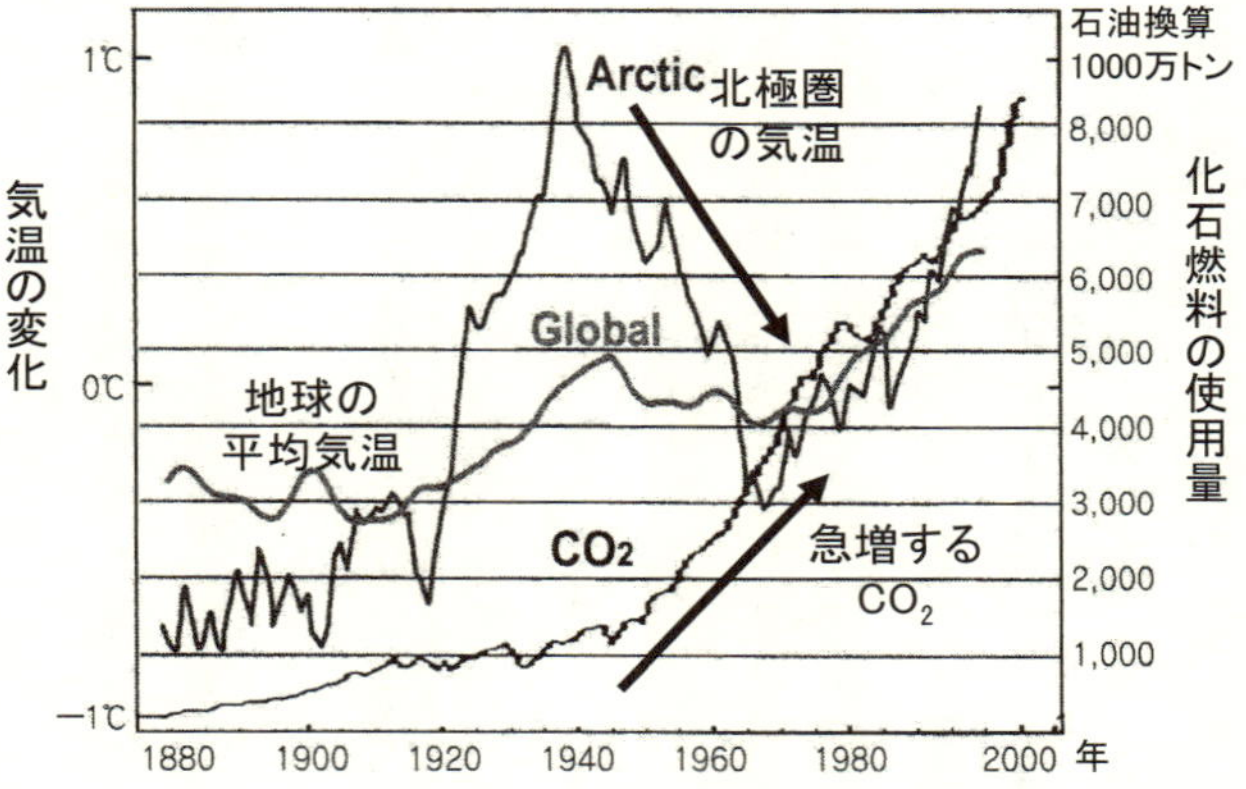

1880〜2000年における「地球平均気温の変化」と、「北極圏における気温変化」（主に北極海の海岸に沿った観測点）と、「石炭・石油・天然ガスの使用量」を示す。1946年頃から化石燃料の使用量が大きく増え始めたが、気温の変化はそれと逆行して、特に北極圏の気温は大きく降下している。『正しく知る地球温暖化』赤祖父俊一著、誠文堂新光社、2008年、所載の図より。

一〇〇〇年「後」にCO_2濃度が増加しているのだから、温度の上がった海からCO_2が放出されたと説明するのが、最も自然な解釈であろう。

【図47】が、CO_2温暖化説の矛盾を最もよく示しているが、気候変動と大気中の炭酸ガス量のあいだには、相関関係が存在しない。炭酸ガスが急激に増加し始めた一九四六年頃から逆に、一九四〇〜七五年頃まで気温が降下していることは、現在ではＩＰＣＣ集団も認めている。このグラフを見て、一方的に増加する炭酸ガスと、北極圏の大幅に上下動する気温変化の矛盾を、ＩＰＣＣはまったく説明できない。

北極圏研究者のアラスカ大学・福田正己教授も、二酸化炭素の増加は気温上昇の「原因」でなく、気温上昇の「結果」であると明快に述べ、二〇〇八年七月二九日の北海道新聞夕刊でこのグラフを示してＩＰＣＣを切って捨て、その紙上で、もっと面白いことを述べている。

――そもそもＩＰＣＣは政府間の組織で、参加している研究者はいわばボランティアであって、学術研究連合や国際学会とは性格が全く異なる。またＩＰＣＣは独自の調査研究は実施せず、既存の研究成果に基づいて合意を形成し、報告書を作成したということになっている。政策立案者向けに作成された報告書にすぎず、学術論文のように厳密な審査を経たものではない。日本では、ともするとＩＰＣＣ報告書は世界のトップレベルの研究者の意見の一致として受け取られる傾向にあるが、大きな間違いだ。――

つまり、何も気象を研究したことがない人間たちが、わいわいと集まってスーパーコンピューターで遊んでいるにすぎないことになる。そして「多数決」で気象を予測しようとしてきたわけだ。これは科学と関係のない政治的集団だ。

温度変化によって、そのあと二酸化炭素の増減が起こるなら、現在の二酸化炭素温暖化説は、まったく根拠のない話になる。

ただし、温暖化が先か、二酸化炭素増加が先か、という議論は、いずれの主張でも、「一九六〇～七〇年代になぜ寒冷化が起こったか」という、地球の気温変化の原因を説明してくれないので、私はこの論議に深入りしないことにする。

第一章の最後に、読者にくり返し認識しておいていただきたい私の結論を記しておく。

地球が営んできた自然なる変化によって、現在までの気温変化が起こった。そこには一定の自然科学的な原理があると感じられるが、今後の地球の気温が上昇するか下降するかは、それを左右する要素があまりにも多く、複雑なので、まったく予測がつかない。そのどちらになっても、「ある年の気候」というわずかな変化に心を惑わされる必要はない。論じられてきた地球の長期的な気温変化を、新聞とテレビが、「今日は暑い。ひどく寒い」、「桜の開花時期が例年より早い。いや遅い」といった時候の挨拶《あいさつ》と変らないレベルの話と混同させるようにしてきた。そのため誰もが、二酸化炭素温暖化説に毒された錯覚を持つようになった。二酸化炭素の話から解放されて、日々ものごとを考えれば、肩の重荷がおりて、頭と心はずっと自由になる。

神ならぬ身、誰ひとり自然科学の原理を充分に説明できないのだから、天候に関しては、もっと大切な自然災害の防止に力を注ぎ、右往左往しないことが最も重要である。その意味で、学者が寒冷化と温暖化の傾向を推測する理論の発表は自由だが、百パーセント確実でないことを予言して人心を惑わすことには問題がある。いかなる説であっても数十年、数百年の時が証明するまで分らないのだから、「……の可能性がある」と言うにとどめ、断定的な予測は控えるべきだ。人間は、過去の歴史的事実について解析し、そこからさまざまな想像力を働かせることはできても、宇宙に浮かぶ地球という小さな惑星に待ち構える未来の自然現象について、確実に予見することのできない生物である。

では、本書の一番大切なテーマに入ろう。私がこの本を書くのは、二酸化炭素温暖化説の間違いを実証することが目的ではなく、偽刑事が二酸化炭素を犯人だと決めつけて投獄し、冤罪事件を起こしている隙《すき》に、環境破壊の真犯人を取り逃がさないよう、読者に知ってもらうことなのである。

私たちは、これからの地球や自然環境に対して、どのように向かってゆけばいいのだろうか。

第二章　都市化と原発の膨大な排熱

ヒートアイランドと熱帯夜

地球の温暖化を議論しているが、寒い時に温度を高くするには、原理的に二つの方法があることを、誰でも知っている。第一は、ストーブやカイロを使って直接加熱する方法である。第二は、熱を逃がさないようにとじこめる方法である。熱を逃がさないとは、家であれば断熱材を使ったり、衣類であれば防寒具を身にまとうことである。

第一章の四〇頁【図13】の図で示したように、CO_2温暖化というストーリーは、地球からの熱を温室効果ガスがとじこめる、つまり第二の断熱材に相当する話であった。これから議論するのは、ここまでまったく議論していない第一の直接加熱の影響である。

たとえば赤祖父俊一氏によれば、一八〇〇年以前からの温度上昇は、一〇〇年間で〇・五℃の割合で直線的に上昇してきた。これは自然現象であるから、現在騒いでいる一〇〇年間で〇・六℃の上昇からこれを差し引くと、二酸化炭素による影響は一〇〇年間で〇・一℃上昇でしかないとしている。この見解は、直接加熱による影響をまったく論じない、断熱効果だけの話である。私は、ヒートアイランドの影響は甚大であるから、二酸化炭素を含めた温室効果ガスによる影響は一〇〇年間で〇・一℃上昇もないと確信している。

ほとんどの人が罪もなくCO_2温暖化説を信じてきたのは、「エネルギー消費量を減らすのだからいいではないか」という考えがあったからだろうが、このとき問題の熱源を見誤ると、消費量を減らすどころか、逆の結果になるので注意しなければならない。多くの人が、二酸化炭素温暖化とヒートアイランドを混同して「気温上昇」あるいは「温暖化」の言葉でひとくくりにしているので、まずこの違いを頭に入れていただきたい。白糸のように激しく雪が風に叩《たた》きつけられ、手がすっかりかじける寒い冬の日に、部屋に入ってストーブをがんがん燃やせば、室内の温度はぐんぐん上がる。しかし外の気温は変らず、家から外に出ればやはり歯の根が合わないほど震える寒さである。この室内の変化に相当するのが、ヒートアイランドと呼ばれる、一地域の気温上昇である。それに対して二酸化炭素温暖化とは、地球全体の気温上昇であるから、まったく異なる。

日本では言うまでもなく、ヒートアイランドと呼ばれる大都市型の過熱現象は、東京を中心とする首都圏と、大阪を中心とする関西圏が、代表的なものである。首都圏が【図48】、関西圏が【図49】に示されている。ほんの二〇年ほどのあいだに、東京地域におけ

【図48】関東地方のヒートアイランド

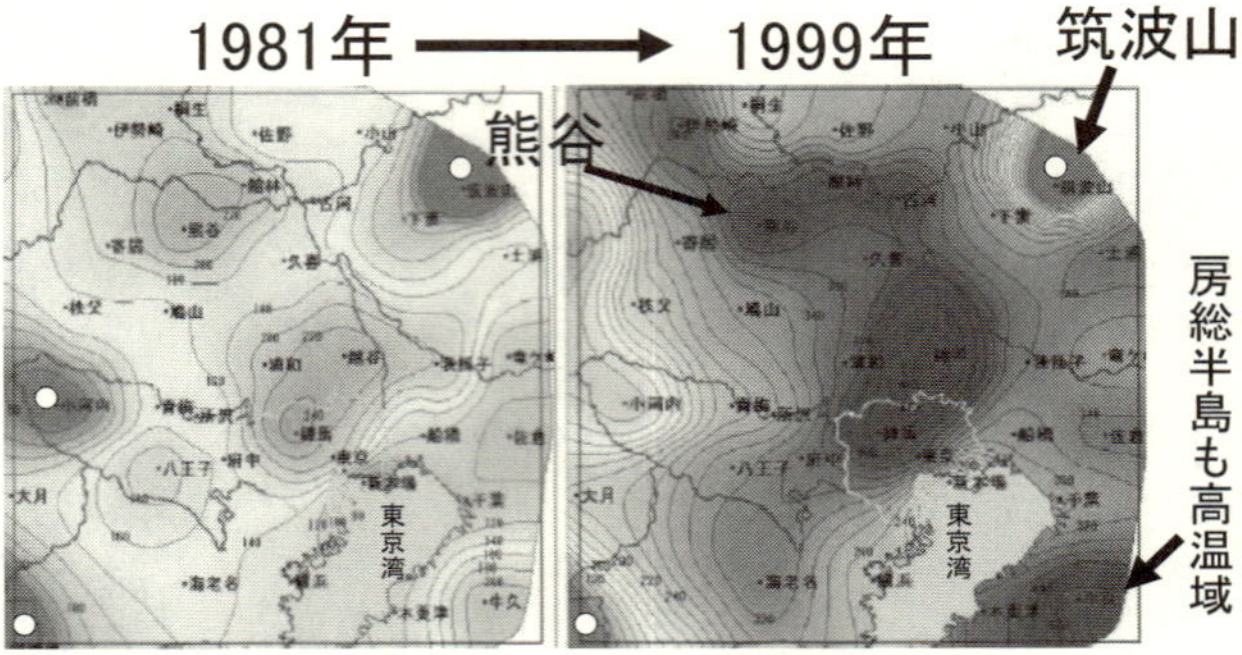

首都圏における気温30℃以上の高温延べ総時間を濃度で示した環境省の作成図（この図は、カラー原図をモノクロ処理した結果、高温域と低温域が同じように黒く出たため、図の端にある低温域を〇印で示してある。原図を参照→ http://www.env.go.jp/info/iken/h160314a/a_3.pdf)。30℃を超える時間は、1981年から1999年までのほぼ20年間で、東京・名古屋では2倍、仙台では3倍に増加し、大都市ではいずれも熱帯夜による温度上昇が顕著になっている。

る高温域の延べ時間は、気温三〇℃以上の猛暑の時間数で示すと、まるで様相が違うほどの沸騰都市になってきたことが分る。高温で有名な埼玉県熊谷市ばかりか、千葉県の房総半島も東京湾を越えた熱気にすっぽり包まれ、茨城県の筑波《つくば》山《さん》のふもとまで都心の熱気が達しているのだから、筑波名物の蟇《ガマ》の膏《あぶら》がタラタラしたたっているはずだ。この二枚の図で変化した時期が、まさしく日本人全体が、気温上昇を痛感してきた一九八一年～九九年の期間なのである。

【図49】関西地方のヒートアイランド

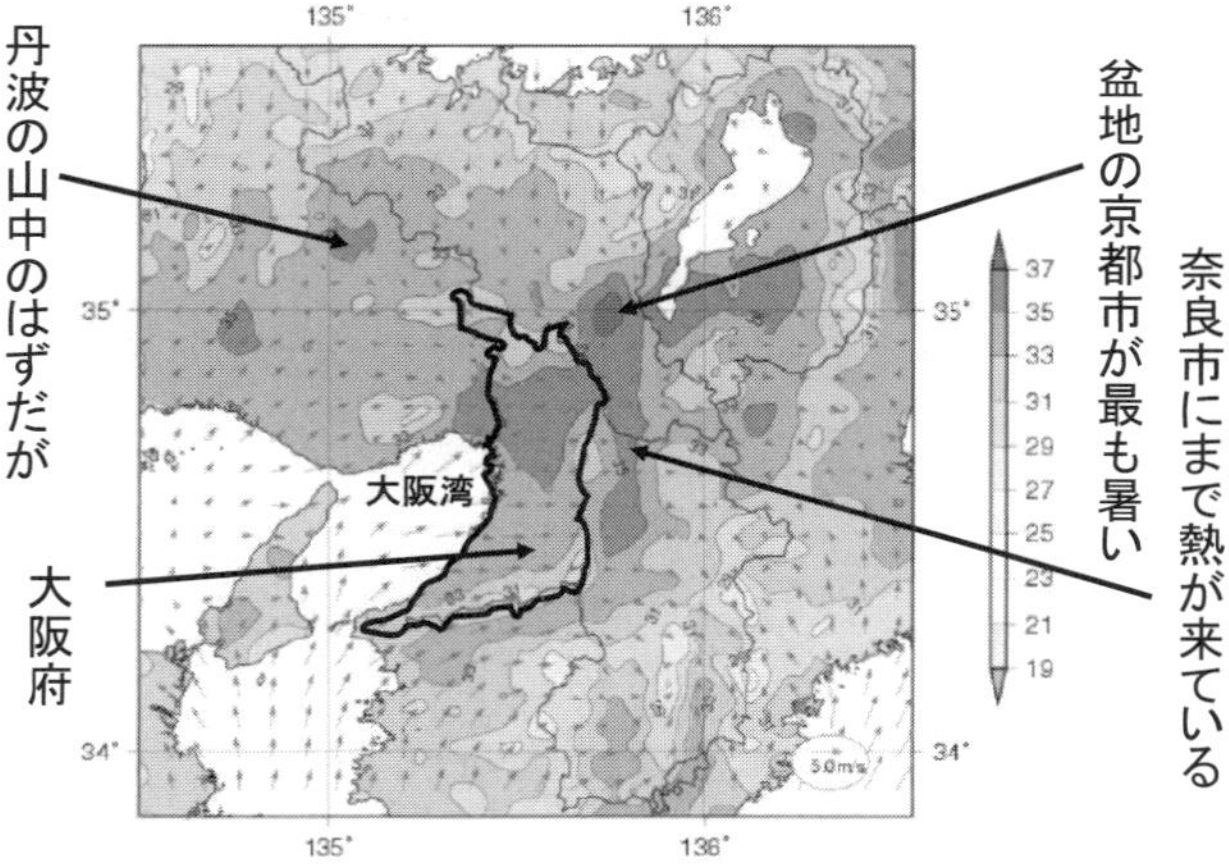

2008年７月25日午後３時に最高気温を記録した時の温度分布図。京阪地方を中心に、広大な範囲に熱が広がっている。大阪管区気象台が作成した図（http://www.jma-net.go.jp/osaka/kikou/ondanka/heat20.pdf）より。

関西地方のヒートアイランドでは、二〇〇八年に最高気温を記録した七月二五日午後三時の温度分布図として示されているが、大阪より、盆地の京都市が最も暑い温度を示し、大仏様のいる奈良市にまで熱気が来ている。ここでも、丹波《たんば》の山中であるはずの地域にまで高温域が点在している。ヒートアイランドは、「島状の高温域」つまり狭い一部を意味する言葉だったが、今や、この島が広大な範囲に広がってきたのである。

　地域的に気温を上昇させる原因

は、温室効果より、人類が直接排出する熱のほうがはるかに顕著で、それはストーブの前に温度計を置いて気温データをとっているようなものである。そのようなデータを世界中から集めれば、総和として、地球全体の平均気温も計算上あがってしまうことはお分りであろう。これは、世界の平均値を出すための気象データのうち、顕著な温度上昇の記録が、冬の都市部に集中していることから明白である。

これから書くことは、ＩＰＣＣを批判している学者でさえ、ほとんど真剣に論じていないことである。つまり第一章で、数々の気温データのグラフを論じてきたが、「一〇〇年間の気温変化」というその資料を土台からひっくりがえす話なのである。私は東京生まれ、東京育ちなので、空き地だらけだった東京がコンクリートむき出しの醜い町に激変したのが、一九六四年の東京オリンピックからだったことを強く覚えている。私が通った渋谷区の大向小学校は、古くからの名門だったが、現在そこに母校はなく、繁華街の真ん中、東急デパートになってしまっているのだ。若い人は、日本の古典的近代小説を読めば、この一〇〇年間でどれほど大きく都市化が進んだかを理解できる。つまり一〇〇年も前の明治時代末に気温や湿度を測定する百葉箱が置かれていた場所は、どの地方でも先進的な地域だったので、現在ではすっかり都市化が進んで、ヒートアイランドに包まれていない場所はどこにもないのである。

この都市化の影響は、国内にとどまらず、国際的な規模で広がっている。そして山岳地帯から南極・北極まで、自然界のあらゆる地域にまで侵入、拡大したため、現在の温度データは、ほとんどの地域で大きなヒートアイランド現象の影響を受けている。私の友人で慶応大学の先生だった藤田祐幸《ゆうこう》氏が退職し、首都圏から長崎県の西の外れのひなびた山間の景勝地・雪浦《ゆきのうら》に引っ越して畑仕事に打ちこんでいたが、二〇〇九年五月に「光化学スモッグが発生した！」とその「ど田舎」から知らせがきた。春から秋まで、タクラマカン砂漠からゴビ砂漠を経て、日本を季節外れの黄砂が襲って問題になった年である。中国の黄砂が来るなら当然、中国が排出する汚染物と熱が、大気と海を通じて日本に到来しているはずだから、この光化学スモッグは、中国から来たものである。

気象庁は、日本の年平均気温を算出するにあたって、都市化（ヒートアイランド）の影響の小さい一七地点を選んで発表している、という。本当か？

○北日本　網走、根室、寿都《すっつ》（北海道）、山形（山形県）、石巻（宮城県）

○東日本　伏木《ふしき》（富山県）、水戸（茨城県）、長野、飯田（長野県）、銚子（千葉県）
○西日本　境（鳥取県）、浜田（島根県）、彦根（滋賀県）、多度津（香川県）、宮崎（宮崎県）
○南西諸島　名瀬（鹿児島県）、石垣島（沖縄県）

山形、石巻、水戸、長野、飯田、銚子、彦根、宮崎では、都市化が進んでいない？　これには、あきれてものも言えない。山形、水戸、長野、宮崎など県庁所在地で都市化が進んでいないと言えば、地元民からどやされるだろう。東北大学名誉教授・近藤純正氏が、気象庁の気象観測所一七地点を自身の足で歩いて調査した結果、いずこも都市化や日だまり効果の影響があり、その補正をしなければならない問題があり、北海道の寿都《すっつ》、岩手県の宮古、高知県の室戸岬のわずか三ヶ所しか、長期データとして信頼できないという。近藤氏は、古い時代からある測候所周辺について聞き取りをおこない、古い写真や図面と現在を比べて、これらの結果を確認してきた。

近代国家日本でさえ、このありさまだから、地球の平均気温を左右する赤道高温域のアフリカ・中東・南米・アジア諸国がどれほど正確な記録をとってきたかを、ほんの先年まで植民地だった諸国の歴史と共に読者が想像し、一〇〇年間の気温変化というストーリーそのものに大きな疑問を抱いてもらうにとどめる。

ＩＰＣＣ関係者は「気温データは、ヒートアイランドの分を補正している」と主張しているが、まるで自分たちが神であるかのように振る舞い、勝手に考案した補正係数には、まったく科学的根拠がない。オーストラリアでヒートアイランドの大都市温度を採用し、アメリカでは過去一〇〇年間に都市部だけ気温が上昇して田舎では変化がなかったデータを「補正」して、何と田舎でも気温が上昇したかのように手を加えていたことがクライメートゲート事件で発覚したのだから、彼らはその影響の大きさを知っている確信犯でもある。このようにヒートアイランドを問題にしていないところが、最大の問題なのである。

早稲田大学の尾島俊雄教授によると、東京都内の排熱は【図50】のように増え続け、自動車七〇〇万台、エアコン九〇〇万台などによる都市熱が、猛暑をさらに猛暑にしてしまうと指摘している。これは、真夏にもうひとつ太陽を増やすような熱量だとも言われるほどである。クーラーは「冷房装置」だと誰でも思っているが、【図51】に描いた通り、これは都市の暖房装置である。冷房（エアコン）をかけるとは、家やビルの室内から外へ熱気と湿気を排出して都市をむし暑くすることである。そのエアコンを動かすためにスイッ

【図50】東京都内の排熱の原因

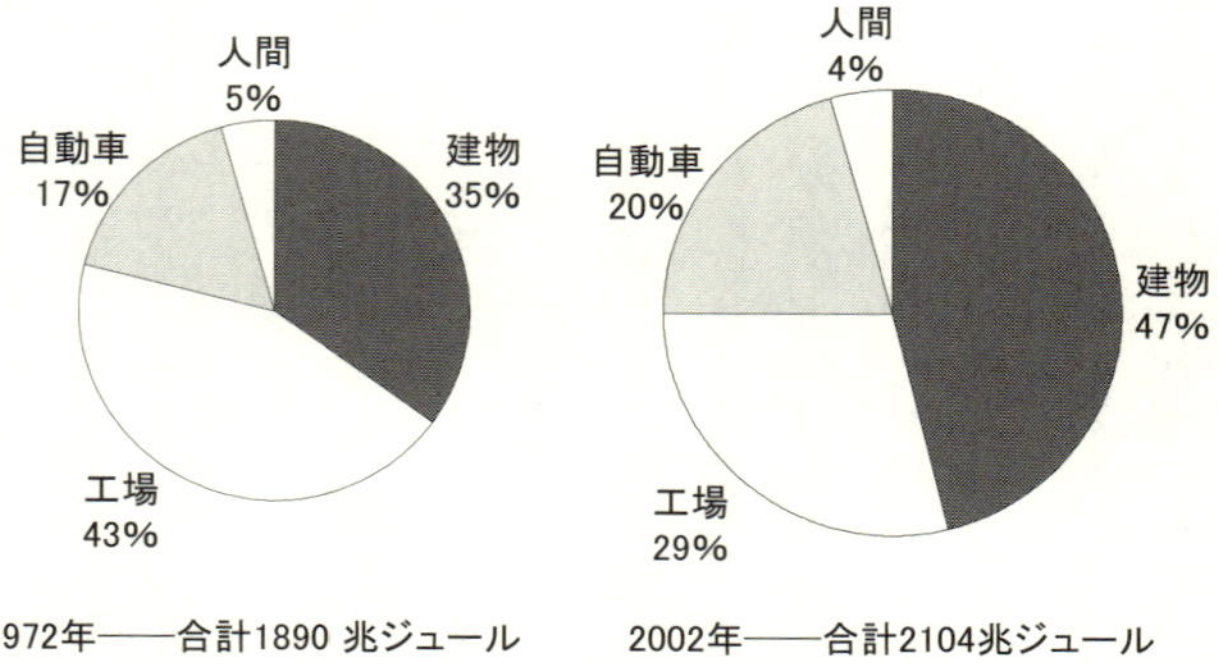

自動車700万台・エアコン900万台による都市熱が、猛暑の東京23区をさらに暑くする。尾島俊雄教授による。

【図51】クーラーは都市の暖房装置

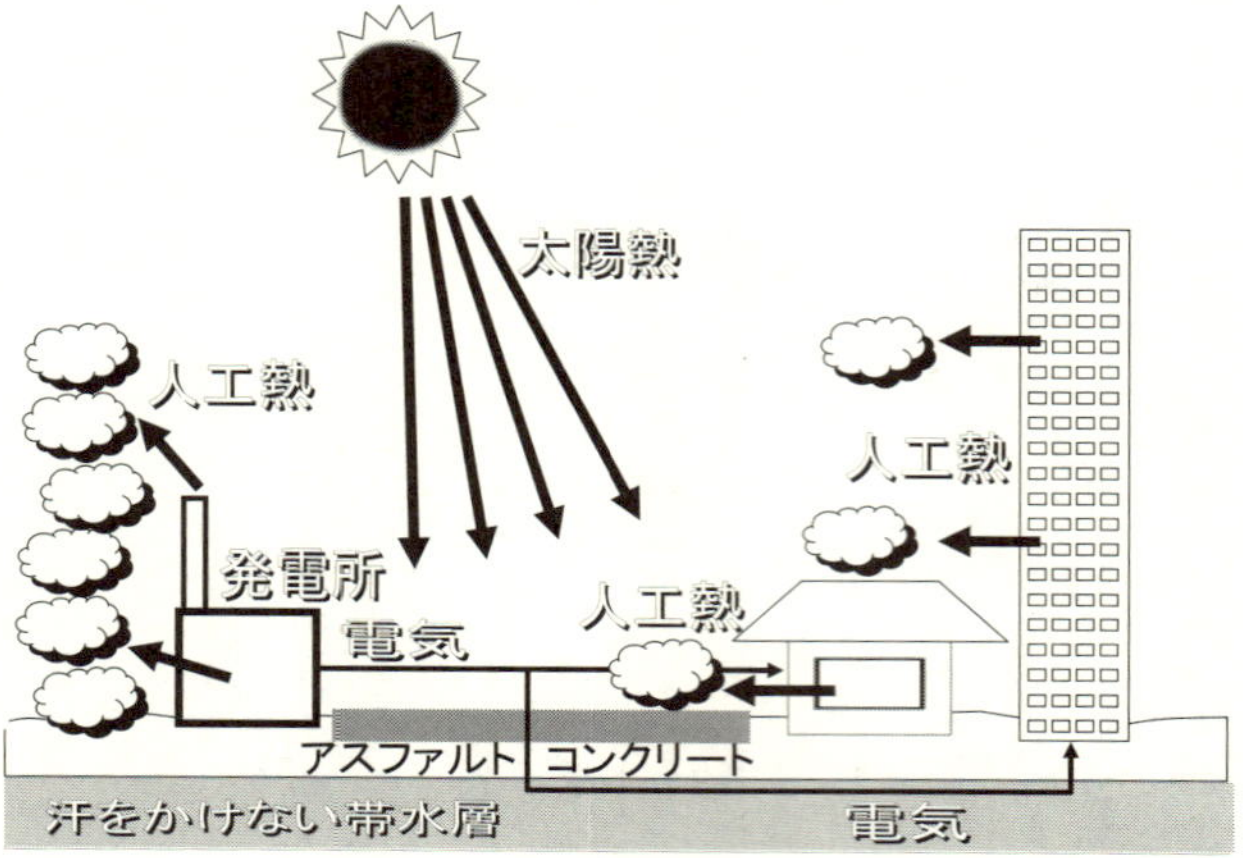

チを入れて発電所から電気を送ってもらっているが、この発電所がまた膨大な排熱を出すのである。原発では、発電量の二倍の排熱である。つまり東京、名古屋、大阪、福岡のような大都市を中心に、日本人が一斉にスイッチを入れて、最も暑い日にますます日本を過熱する。本来は水を含んだ帯水層の土から立ちのぼる水蒸気が気化熱を奪って冷やしてくれるはずが、都市の表面は、アスファルトとコンクリートで覆われているため、冷えない。逆に、夜になって、これらのコンクリートから熱が吐き出されて、眠れない熱帯夜を迎える。みながエアコンを切れば、はるかに気温が低くなるのだ。

今では大気だけでなく、東京都心の地下四〇メートルの地下水まで、四季を通じて、郊外に比べて二℃も上がっていることが明らかになった。これと同じ理屈で、電気自動車をエコカーと呼ぶのは、日本のエネルギー事情に無知なエコ論者や自動車評論家の完全な錯覚である。電気自動車は、走っている時に自動車の排気ガスが少ないだけの乗り物で、発電所からもらった電気で動く車である。現在の技術ではドライバーが必ず夜間に充電することになる。後述するように、日本の電力会社は、夜間には最もエネルギー効率の悪い原発を全面的に使っているので、もし電気自動車が普及すれば、とんでもない量の排熱源に

【図52】東京における明治以来の「熱帯夜の日数」の変化

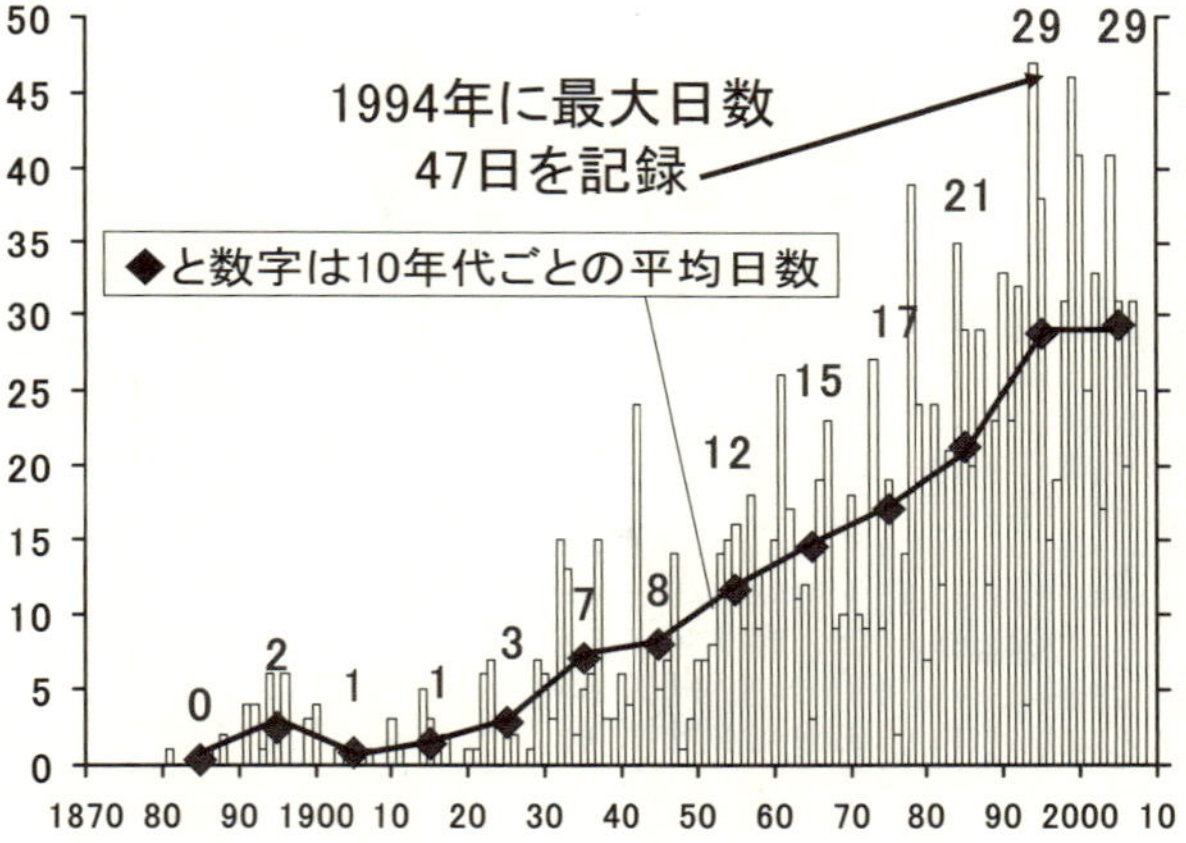

1876年（明治９年）～2008年のデータ。気象庁天気相談所データより。

なり、クーラーと同じ地球加熱装置になる。こんなものが環境にやさしいはずがない。

【図52】のように、東京では、一日の最低気温が二五℃以上で夜も眠れない熱帯夜が、どんどん増えてきた。暑い都市の代表である名古屋は、【図53】のように戦前は、年間で一日も熱帯夜がないほど涼しかったのである。熱帯夜とは、夜になっても冷えない現象なので、大都市コンクリート現象である。【図53】のグラフにはないが、現在の大阪では熱帯夜が年に五〇日近い。大阪管区気象台によれば、八月の平均気温の長期的な上昇率は、都市化が進んでいない地域に比べて三倍も大きく、熱帯夜の日数は一〇年あたり六・三日の割合で増えている。一九三六年以降、二〇〇七年まで連続して統計を取っている全国五一地点のうち、熱帯夜の年間日数の増加率が大きい一〇都市に、統計が連続していない大阪を加えたのが【図54】で、大阪は福岡より増加率が高い。沖縄の石垣島が入っているのは、亜熱帯海洋性気候のためで、都市型過熱とは関係がない。

近年、気象（気圧や風）に大きな影響を与えている要因は、地球全体の気温上昇ではなく、このような局地的な温度上昇にある。何も調べない二酸化炭素温暖化論者が、東京などで増えている集中豪雨を異常気象だと騒ぎ立てるが、困った人間たちである。これも、ヒートアイランドによる気流変化と、東京湾からの水分流入が原因で起こっていることが、気象メカニズムにより実証されている。二〇〇五年九月には東京都杉並区や中野区で洪水騒動が起こった。夜、台風の余波を受けて杉並区を中心に一時間に一〇〇ミリを超える記録的な豪雨だったため、善福寺川などがあふれて、近在のマンションなど多数世帯が浸水したのである。住宅地浸水はこのあたりで珍しいニュースだった。しかし洪水の原因は、

【図53】熱帯夜の増加（戦前と近年の比較）

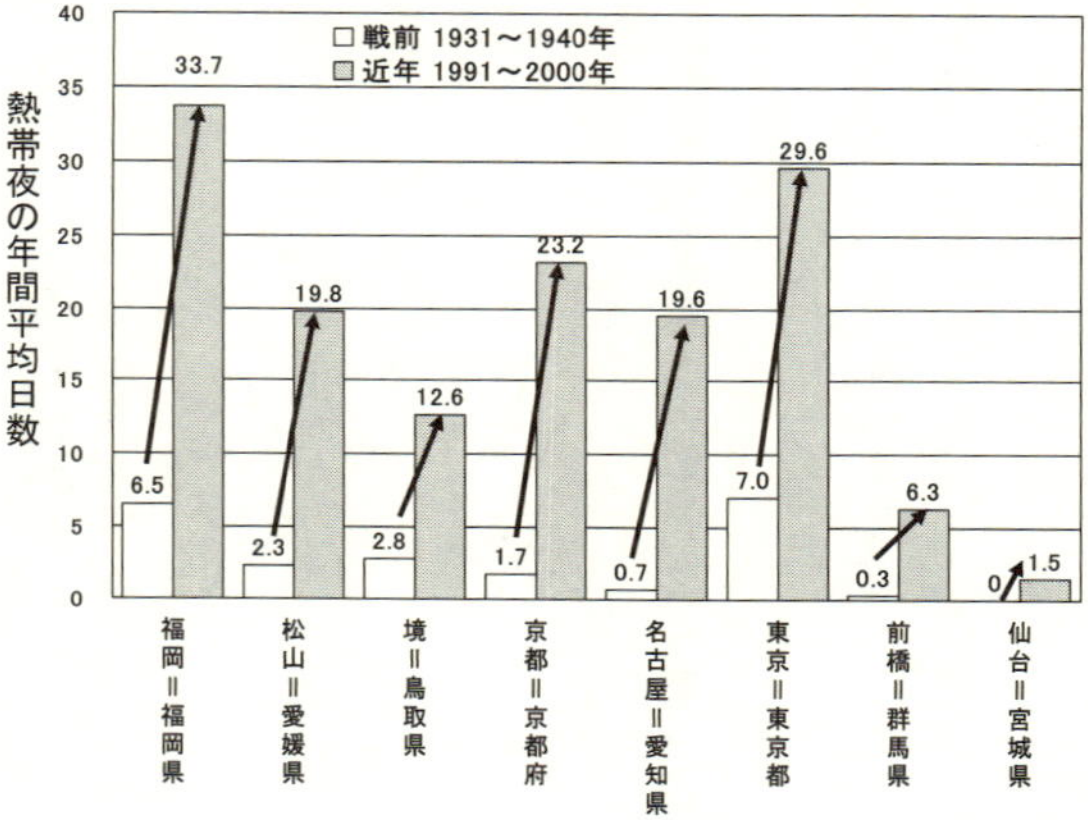

都市が冷えないために、熱帯夜の日数はどこでも増加している。

【図54】熱帯夜ワーストテン＋大阪

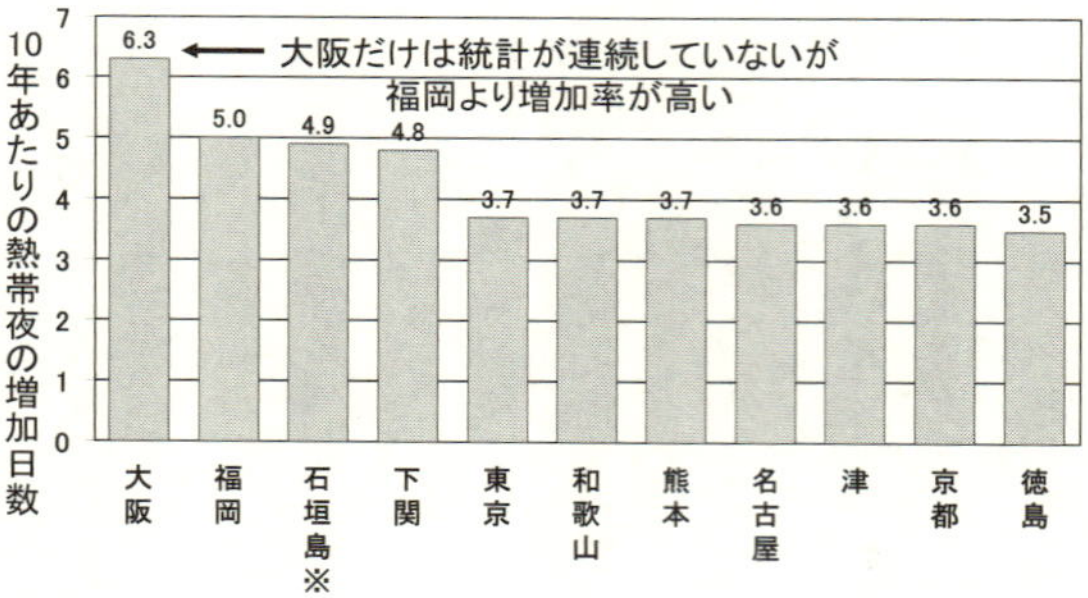

1936年以降、2007年まで連続して統計を取っている全国51地点における、熱帯夜の年間日数の増加率が大きい10都市＋大阪。※沖縄の石垣島は亜熱帯海洋性気候のためなので、都市型熱帯夜ではない。気象庁2008年報告より。

雨ではない。一帯の町名は、井荻《いおぎ》、井草、石神井《しやくじい》、桃井、井の頭公園、大泉と、井戸や泉に因んだ地名が多く、昔から水が豊富だった。ところが町中の下水路（どぶの類）はすべて地下水路の暗渠《あんきよ》となり、その上にコンクリートや石材できれいな遊歩道がつくられたため、空からの雨水は、少量ずつ流れこむ水路を失った。善福寺川も、昔はそちこちに岩や起伏があって流れを弱めたが、今は自然の名残《なごり》がないコンクリートで護岸が完成しているので、川水は上流から威勢よく流れる。周辺の広大な地域に落ちた雨水が、いっせいに路面を走り、左右から低地の善福寺川めがけて流れこみ、上流からも加わって一ヶ所に大量の水が押し寄せ、住宅地から六メートルも下にある川面が急上昇して、いわゆる洪水・浸水騒ぎとなったのだ。これはまったくの人災であった。

では、大都市に対して、低人口地域の気温はどのような変化をしてきただろうか。【図55】の夏日と真夏日の日数に見る通り、北海道の寿都《すっつ》、大島、八丈島、潮岬《しおのみさき》、清水（旧足摺《あしずり》）、室戸岬など、人間の少ない場所はみな気温が下がっている。アメリカでも、一九〇〇年から二〇〇三年までのほぼ一〇〇年間、田舎ではまったく気温上昇傾向が見られない。ところが都市部では一直線に上昇している。そのため前述のように、手を加えて田舎

【図55】低人口地域における長期的な気温の変化

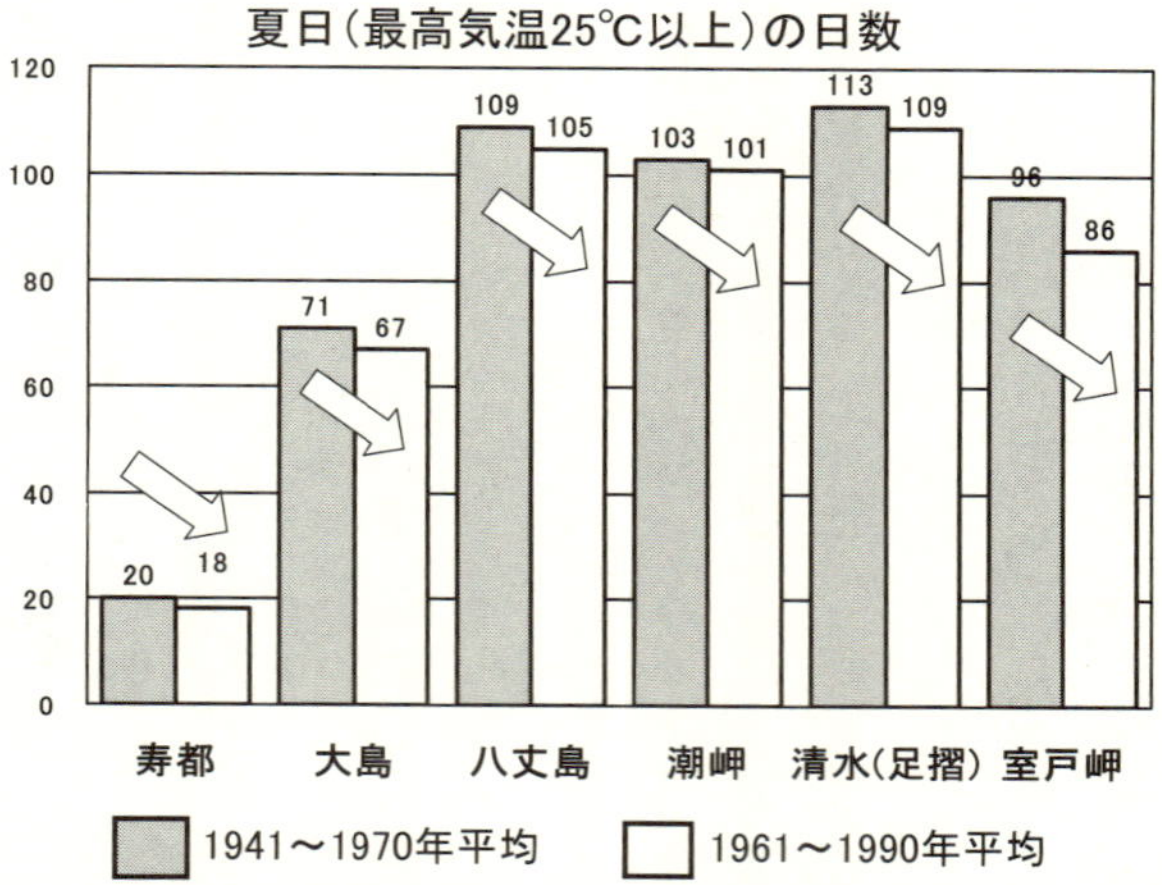

人間の少ない場所は、みな気温が下がっている

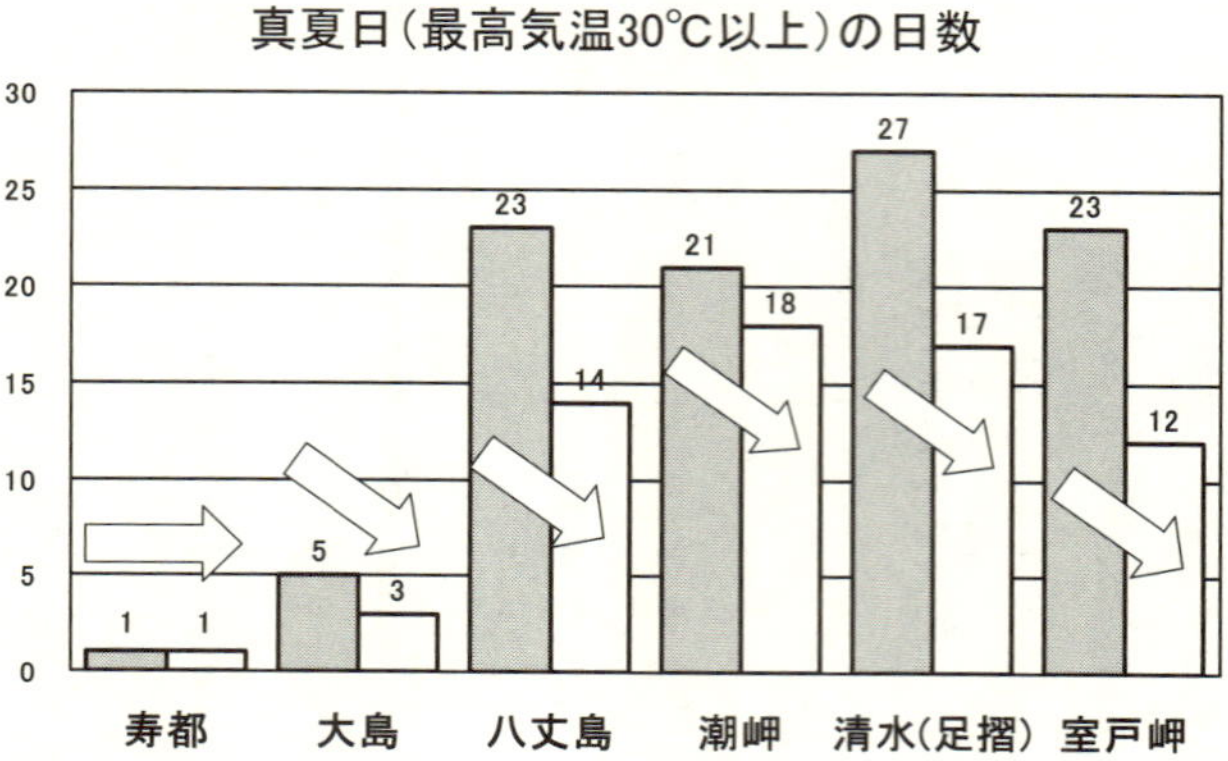

『理科年表』丸善、気象部・気候表の「全国80の気象観測地点における気温」より。

の気温データを引き上げる醜悪な操作がおこなわれていたのだ。つまり地球規模で論じられてきた気温変化とは、正しくはヒートアイランドの物語だったのである。低人口地域で気温が上がっていないことは、日本の一〇〇年間の気温上昇率から容易に推測できることである。一〇〇年間で東京は三・〇℃、名古屋では二・六℃上昇したというが、日本全体の平均は一・〇℃である。東京や名古屋の数字を加えて平均を一・〇℃に下げるためには、それより大幅に低いマイナスの地域がなければならないはずだ。

さて、ヒートアイランドという語感から受ける印象から、みな真夏の暑い時期に起こるものだと思っているが、これがまた間違いなのである。日本の報道機関の本拠地がほとんど夏に猛暑に襲われる東京と大阪にある。このアナウンサーやキャスターたちは自分たちが自動車やエアコンで都会を熱していることを忘れて猛暑ニュースを煽り、また膨大な人口が首都圏と関西圏と中部経済圏に集中しているので、みなそう思っているが、これは夏だけに発生する現象ではない。月平均値の気温上昇率の高いワーストテンを【図56】と【図57】に示してあるが、この二つのグラフは、冬一月と夏八月を同じスケールで示したものである。気温上昇の寄与率は、夏より冬のほうがずっと高いのである。しかも冬には、

【図56】冬のヒートアイランド

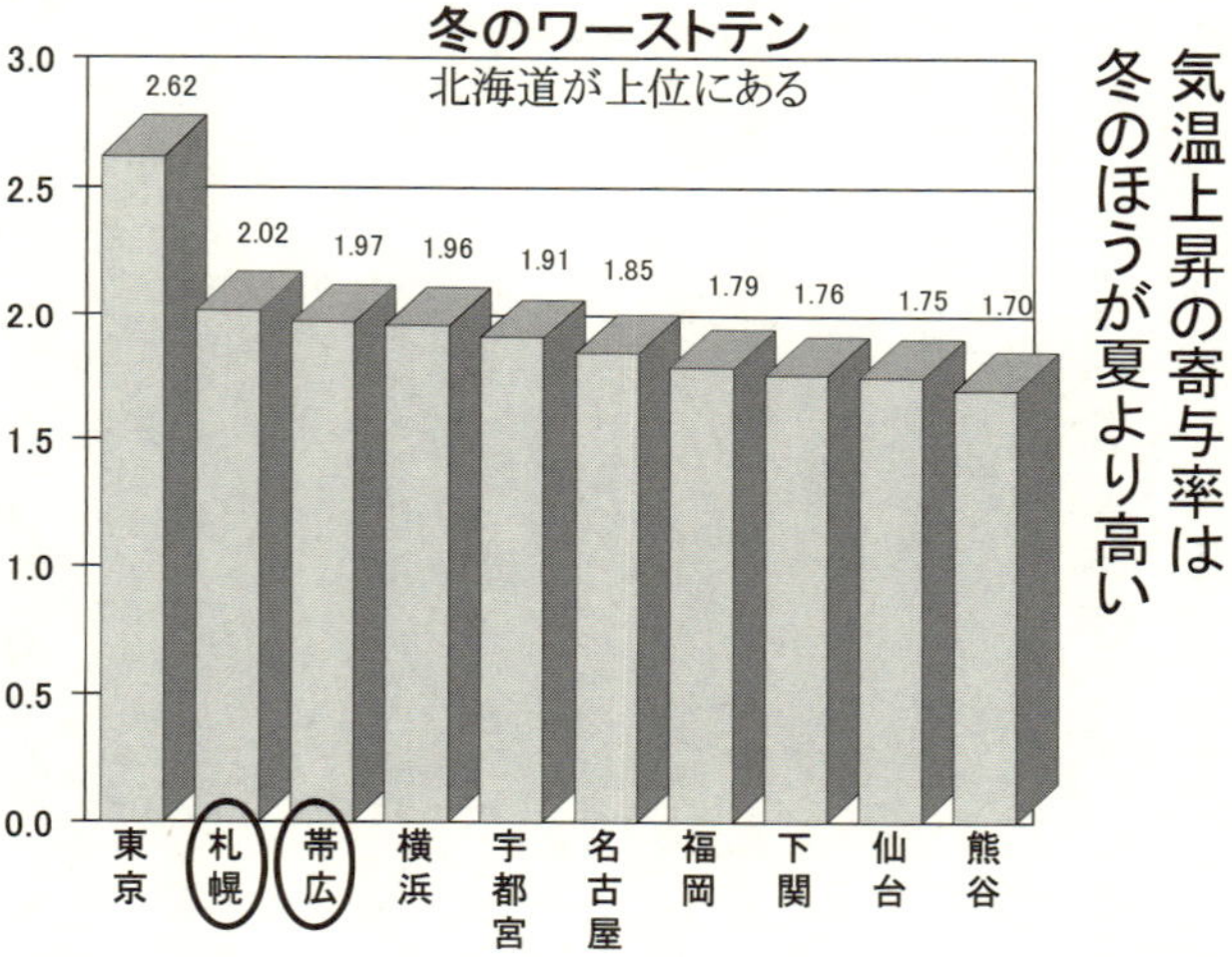

1936〜2007年における１月の月平均値の気温上昇率（℃/50年）。気象庁データ。

北海道の札幌と帯広がワーストテンの上位、二位と三位にある。

また、最低気温が氷点下（〇℃未満）の「冬日」は、一九八九年に東京でゼロになったように、大都会では異常に少なくなっている。

考えれば分ることだが、冬のほうが、暖房や風呂に大量の熱を使うので、冬に気温上昇が大きくなるのは、当り前の現象である。夏の気温上昇に騒ぐのは、湿度の高い日本では、むし暑くてつらいからである。冬の気温

【図57】夏のヒートアイランド

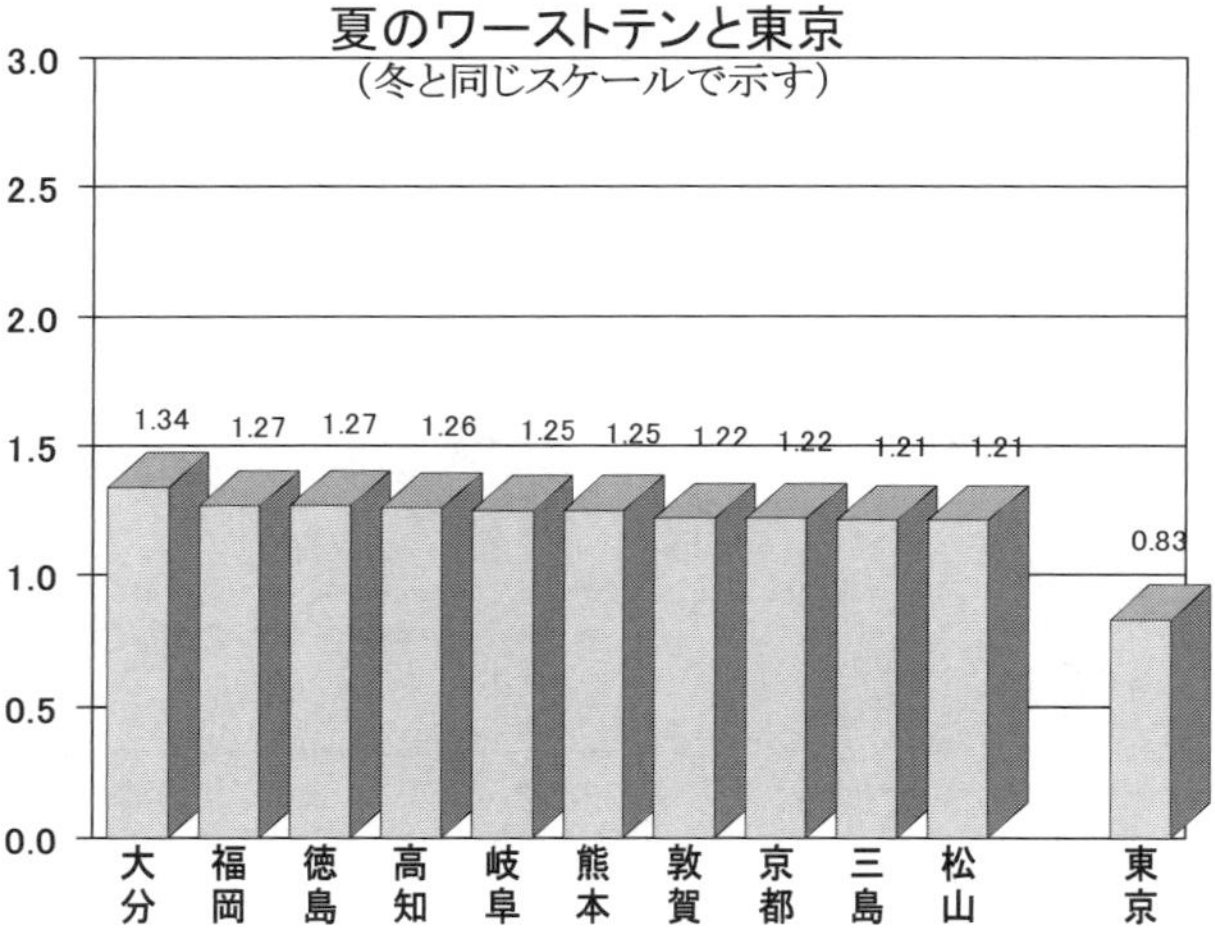

1936〜2007年における８月の月平均値の気温上昇率（℃/50年）。気象庁データ。

上昇に騒がないのは、冬が暖かくなると楽だからである。

最悪の地球加熱装置
——原子力発電所

日本を加熱するのは、大都市だけではない。原発がその最たるものである。日本の原発には、沸騰水型と加圧水型と二種類あるが、【図58】は沸騰水型における熱の流れを図解したものである（加圧水型でも熱の流れは同じである）。左側の原子炉から出た熱は、高温の水蒸気をつ

【図58】原子力発電における熱の流れ

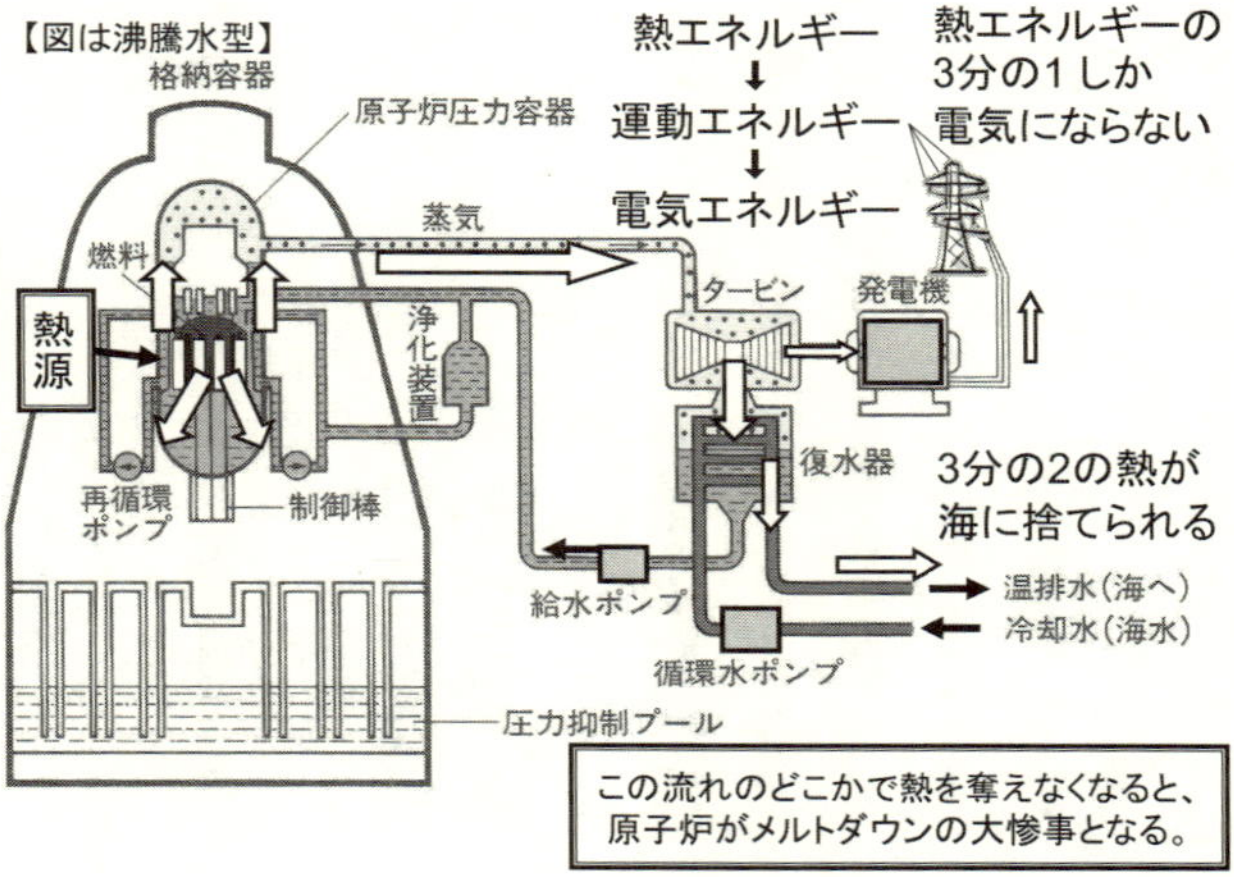

くって右側のタービンに送られ、タービンの羽根が回って発電機を動かし、生まれた電気が送電線で消費地に送られる。この時、熱エネルギー➡運動エネルギー➡電気エネルギーへと変換がおこなわれるので、原子炉で生まれた熱エネルギーの三分の一しか電気にならないのである。

このあと、水蒸気に残った三分の二の熱を海に捨てている。つまり海水で水蒸気を冷やして水に戻し、原子炉に送り返している。発電量の二倍の熱量を捨てなければならないのが原発なのである。この捨てられる熱水を温排水と呼んでいる。そればかりか、原発は東京や大阪の大消費地から遠方の地域に建設されてきたので、送電線によるエネルギー・ロスが大きく、〆めて七〇％のエネルギーを捨てている。最もエネルギー効率の悪い発電所である。これは、原発がいつ大事故を起こすか分らない危険な発電所なので、一九六四年に科学技術庁長官・佐藤栄作（安倍晋三の大叔父）を委員長とする原子力委員会が「原子炉立地審査指針およびその適用に関する判断のめやすについて」とする基準を策定して、人口密度の高い大都市には、危険な原子力施設を立地してはならない、と定めたため、無駄な排熱を利用する場所がないところに建設されてきたからだ。首都圏に電気を送る東京電力の原発は、北陸の新潟県柏崎刈羽《かりわ》原発と東北の福島原発の一七基である。関西圏に電気を送る関西電力系の原発は、遠い日本海側の福井県若狭湾《わかさわん》に林立する合計一四基で、ここで生まれた電気は全量が関西圏に送電されている。

温排水によって海に捨てられる熱量はどれぐらいになるだろうか。二〇一〇年七月現在、商業用原子炉五四基の合計で四九一一・二万キロワットの「電気出力」を持っている。その二倍の約一億キロワットの膨大な熱で海を加熱しているのが原発だということになる。この熱量を言い換えると、日本全体では毎日、広島に投下された原爆一〇〇個に相当する巨大な熱量で海を加熱しているのである。広島の原爆は一瞬で町を焼き尽くして跡形もなく消し、一四万人の命を奪ったが、それが毎日一〇〇個であればどうなるか。これで海の生態系がこわれないはずがない。誰にでも分ることだ。

「電力の三分の一は原子力です」と言う前に、「原発は発電量の二倍の熱量で海を加熱している」と言うべき重大事である。このようにして起こっている海水の温度上昇を、日本の一級河川に置き換えて考えてみよう。

日本の大河である一級河川は一〇九ある。北から南まで、天塩《てしお》川・渚滑《しょこつ》川・湧別《ゆうべつ》川・常呂《ところ》川・網走川・留萌《るもい》川・石狩川・尻別川・後志利別《しりべしとしべつ》川・鵡《む》川・沙流《さる》川・釧路《くしろ》川・十勝川・岩木川・高瀬川・馬淵《まべち》川・北上川・鳴瀬《なるせ》川・名取川・阿武隈《あぶくま》川・米代《よねしろ》川・雄物《おもの》川・子吉《こよし》川・最上《もがみ》川・赤川・久慈《くじ》川・那珂《なか》川・利根《とね》川・荒川（東京都・埼玉県）・多摩川・鶴見川・相模川・富士川《ふじかわ》・荒川（新潟県・山形県）・阿賀野川・信濃《しなの》川・関川・姫川・黒部川・常願寺《じょうがんじ》川・神通《じんづう》川・庄川・小矢部《おやべ》川・手取川・梯《かけはし》川・狩野川・安倍川・大井川・菊川・天竜川・豊川・矢作《やはぎ》川・庄内川・木曾川・鈴鹿《すずか》川・雲出《くもず》川・櫛田《くしだ》川・宮川・九頭竜《くずりゅう》川・北川・由良川・淀川・大和川・円山《まるやま》川・加古川・揖保《いぼ》川・紀の川・熊野川・千代川・天神川・日野川・斐伊《ひい》川・江の川・高津川・吉井川・旭川・高梁《たかはし》川・芦田《あしだ》川・太田川・小瀬《おぜ》川・佐波《さば》川・吉野川・那賀《なか》川・土器《どき》川・重信《しげのぶ》川・肱《ひじ》川・物部《ものべ》川・仁淀《によど》川・四万十《しまんと》川・遠賀《おんが》川・山国《やまくに》川・筑後川・矢部川・松浦川・六角川・嘉瀬川・本明《ほんみょう》川・菊池川・白川・緑川・球磨《くま》川・大分川・大野川・番匠《ばんじょう》川・五ヶ瀬川・小丸《おまる》川・大淀川・川内《せんだい》川・肝属《きもつき》川。

全土の原発が捨てている熱量を合計すると、以上すべての一級河川の流量の水を三・一℃上昇させる熱量になる。いま日本全土で、それだけの海水温度を上昇させているのだ。これをまったく議論しない地球温暖化論とは何か、と私はすべての学者に尋ねているのである。この程度の計算は、電力のワットを熱量のカロリーに換算して、前記の河川の流量を調べれば、誰にでも確認できることである。

身近な話をしよう。たらこの嫌いな人はいますか？　鱈《たら》の子なので、たらこ、という。このたらこが食べられなくなったら深刻ではないか。そのまま白いご飯で食べてもおいしいし、お茶漬けでも、オニギリでも、辛子明太子《からしめんたいこ》でも、日本人は大好きだ。メイフラワー号がアメリカにたどりついた時に上陸したのが鱈のたくさんとれる場所で、ここは鱈の岬(Cape Cod) と呼ばれている。スパゲッティでも、塩味のきいたたらこは格別である。スケトウダラ（助党鱈）の卵巣を塩漬けにしたものが、たらこである。主産地の北海道では普通、スケソウと言っている。スケトウダラを朝鮮で明太（ミョンテ）と呼び、これを輸入して唐辛子漬けにしたのが辛子明太子の始まりで、今は博多名産など、さまざまな味付けで大人気である。

これから先は、北海道の岩内町《いわない》に住んでいるわが友・斉藤武一《たけいち》氏の話である。

「このスケソウ漁を北海道で最初に始めたのが、ウニなど魚介類の宝庫、積丹《しゃこたん》半島の西にある岩内町でした。日露戦争開戦の二年前、一九〇二年（明治三五年）に漁師が偶然スケソウの産卵場所を発見して、たらこに加工して、翌年から岩内町は繁栄をきわめてきました。ところがここに異変が起こってきた。かつて日本一のたらこで繁栄していた当時は、船が一〇〇隻もあった岩内町に、二〇〇九年の今は五隻しかない。スケソウはほとんど捕れない。世界的にも二〇年でスケソウは全滅して、たらこはダイヤモンドのように高価なものになると言われている。岩内のスケソウは、昔は水深一五〇メートルぐらいを泳いでいたが、上の方の水温が高くなって、今は水深三〇〇メートル以下を泳いでいる。だから、もう捕れないんです」

斉藤さん、なぜ海水温度が上がったの？

「僕は一九七八年から今日まで三〇年以上、風の日も吹雪の日も、岩内の海水温度を測り続けてきたのです。僕のいる岩内町の目の前に、一九八九年に泊《とまり》原発が運転を開始して、それから海水温度がぐんぐん上がり始めたわけです」

このような人を科学者と呼ぶのである。環境保護とは、都会の戯《ざ》れ言《ごと》ではないのだ。新聞記者たちは、「地球温暖化の切り札・原発」などと書きなぐっているが、その程度の知識しかないのか。私は企業を退社してからフリーで医学書の翻訳に従事した時期が長く、公害時代だったので、水俣《みなまた》病、スモン病、イタイイタイ病の患者さんの苦悩の実態を英文に訳す一方で、代理店を通して大企業からの翻訳も引き受けた。そうした時に、東京電力から依頼され、一九七〇年代のＯＥＣＤ（経済協力開発機構）のレポートを受け取った。「原発の温排水は、海に排出されても、熱が海の中にすぐに拡散しないで、ホットスポットと呼ばれる熱の塊となって浮遊する。そのため、大陸棚の生物が甚大な影響を受ける。浅瀬にいる魚の卵や稚魚は、二〜三℃というわずかな温度変化で死んでしまうからである」と書かれた文章を正確に訳して納めた。そうして電力会社が内部でこのレポートをもみつぶし、確信犯として環境を破壊する企業であることを秘かに知った人間である。

九州電力は二〇〇九年一月に、一五九万キロワットという超巨大原子炉を鹿児島県の川《せん》内《だい》原発に増設する計画を打ち上げたが、鹿児島の南方新社が『九電と原発①温排水と海の環境破壊』と題するブックレットを二〇〇九年に刊行して、川内の海岸に異常な数が打ち上げられるサメ、ウミガメ、ムラサキ貝、赤フジツボなどの大量の死骸《しがい》の写真を公開した。地元民が原発増設に猛烈に反対してきたのは、そのためである。

海水中を浮遊しているプランクトンや、浅瀬に生きる貝、エビ、カニ、ウニをはじめ、魚介類の幼い生物は、原子炉の水蒸気を冷やすための復水器（熱交換機）に吸いこまれてゆき、そこに注入される化学物質（次亜塩素酸ソーダ）を浴び、さらに七〇℃という急激な温度上昇にさらされて死滅する。原発の蒸気を冷やすための復水器は海の生物絶滅装置である。

まったく根拠のない二酸化炭素温暖化説の上に乗って、原発の宣伝に走り回る浅井慎平、寺島実郎、毛利衛《もうりまもる》、大前研一、吉村作治、さらに電力会社・原子炉メーカーお抱えの芸能人と、彼らに発言の舞台を提供する新聞とテレビ、雑誌に問いたいのは、あなたたちのどこに地球を愛していると言う資格があるのか、ということである。

世界中で原発建設に拍車がかかっている、というのは壮大な虚構である。先進国のアメリカやイギリスで一基や二基の原発が建設される気運にあるとけたたましく報道される原子力産業の実態は、深刻なのである。この二一世紀、先進国の原発は続々と寿命に達して、一〇〇基という大量の原子炉が解体される廃炉の時代に突入している。原子炉を建設する技術を持つのは先進国の原子力産業（メーカー）だが、自分の国内ではほとんど需要がなく、日本同様、猛烈な反対にあうため、原子炉を発展途上国に輸出して何とか延命を図ろうとしている。しかしそれは、メーカーがその製造技術を維持するために、廃炉の穴埋めにわずかな原発を建設しなければならない、というにすぎない。彼らは、これら放射能の危険性をまったく知らない発展途上国に対して原発を輸出したあと、その原子炉が生み出す高レベル放射性廃棄物という巨大な超危険物をどのように処分させるつもりなのか。これは一〇〇万年の監視を必要とするのだ。自国でさえどこにも処分できずに絶望的な壁にぶちあたっているというのに、アジアや中東のまったく事情を知らない人間に対して、一体どのような責任を持てるのか。原子炉輸出メーカーとして東芝、三菱重工業、日立製作所は、発展途上国の未来を破壊する許しがたい企業である。

ベトナムに原発を輸出するのだと息巻いてきた民主党幹部（前原誠司、仙谷由人ら）がその代表者である。世界中でこれから建設を計画している大型の原発には、もともと鳩山由紀夫の選挙地盤、室蘭の日本製鋼所が製造する原子炉圧力容器が必要不可欠である。世界の原子炉製造を支配し、原子力発電用の圧力容器の製造で世界シェアの八〇％を占めるトップ企業が、日本製鋼所なのだ。二〇〇九年九月二八日に川内原発三号機増設を「推進する」意見書を提出したのは、民主党環境大臣・小沢鋭仁《さきひと》であった。環境大臣が環境を破壊しようというのが日本なのである。

原発問題で新聞社から取材を受けると、私は放射能の危険性を説明しながら「死の灰」という言葉を使うが、最近では、記者から「死の灰って何ですか」と聞き返されることがあるので、時代はもうそこまで来たかと愕然《がくぜん》とする。広島と長崎に原爆が投下され、死の灰が降ったことを知らないのが、現代の日本人なのだろうか。

自然破壊の実態

「二酸化炭素の排出量を減らせば環境がよくなる」と考える人間は、いま一度この地球に何が起こっているかを、目を開いてしっかり見る必要がある。一番悪いのは「毒物」と「熱の排出」と「機械的な自然破壊」である。

地球の汚染は、排熱、窒素酸化物（NO_x）、硫黄酸化物（SO_x）、浮遊粒子状物質、放射性物質の複合的な重なりによって、以前の大公害時代より広範囲に広がろうとしている。これらをまったく知らずに、二酸化炭素温暖化論を信奉していればどうなるだろうか。

現在、世界中で進行する砂漠化の原因は、酸性雨、農地開発などの森林伐採と河川の大量取水にある。二酸化炭素や温暖化とまったく関係がない。

最近の環境保護運動は、工場・発電所・自動車などの汚染物が生み出す最も基本的な酸性雨についても知らないのである。酸性雨は、排気ガス中の二酸化硫黄（SO_2）と窒素酸化物（NO_x）が、大気中で硫酸（H_2SO_4）と硝酸（HNO_3）をつくり、これが雲に入って、強い酸性の雨と雪になって降り注ぐ現象である。これが森林に降り注げばどうなるか。北ヨーロッパやカナダ、アメリカなどでは、酸性雨のために多くの湖沼で魚が一匹もいなくなり、針葉樹が枯れ、森林全体が枯れる被害が拡大した。ドイツでは一九八〇年代初めに森林面積の三四％に被害が広がり、カシの木、トウヒやナラが壊滅しかけた。これがドイツの環境保護運動の出発点だったのである。いまだにその被害の傷跡は、広く分布している。

現在の中国の工場と発電所が吐き出す噴煙を見れば分る通り、中国やインドでは、この被害が広がっているのだ。

カザフスタン〜ウズベキスタン国境のアラル海が消滅の危機にある。湖水が涸《か》れるのは、二酸化炭素が原因なのか。一九四〇年代から灌漑《かんがい》や南のアム川の上流部に運河を建設したため、【図59】のようにアラル海に流れこむ川の流量が激減し、アム川と北のシル川の水量が減り始めた一九六〇年代から、涸渇《こかつ》が深刻化したのだ。これら二つの川の上流は農作地帯で、流域の行政府が競って農業用運河を建設し、世界第五位の綿花栽培地帯であるウズベク東部では、さらに一九七〇年代にソ連指導部の増産指令によって、アム川の大量取水が始まった。現在アム川の水量は四〇年前の二五分の一まで減り、アラル海まで水が届かない。

中国の新疆《しんきょう》ウイグル自治区タリム川周辺の砂漠化も、まったく同じ農業用の取水によって中流から下流域の流量が激減したことが原因である。

【図59】 アラル海の水量の変化

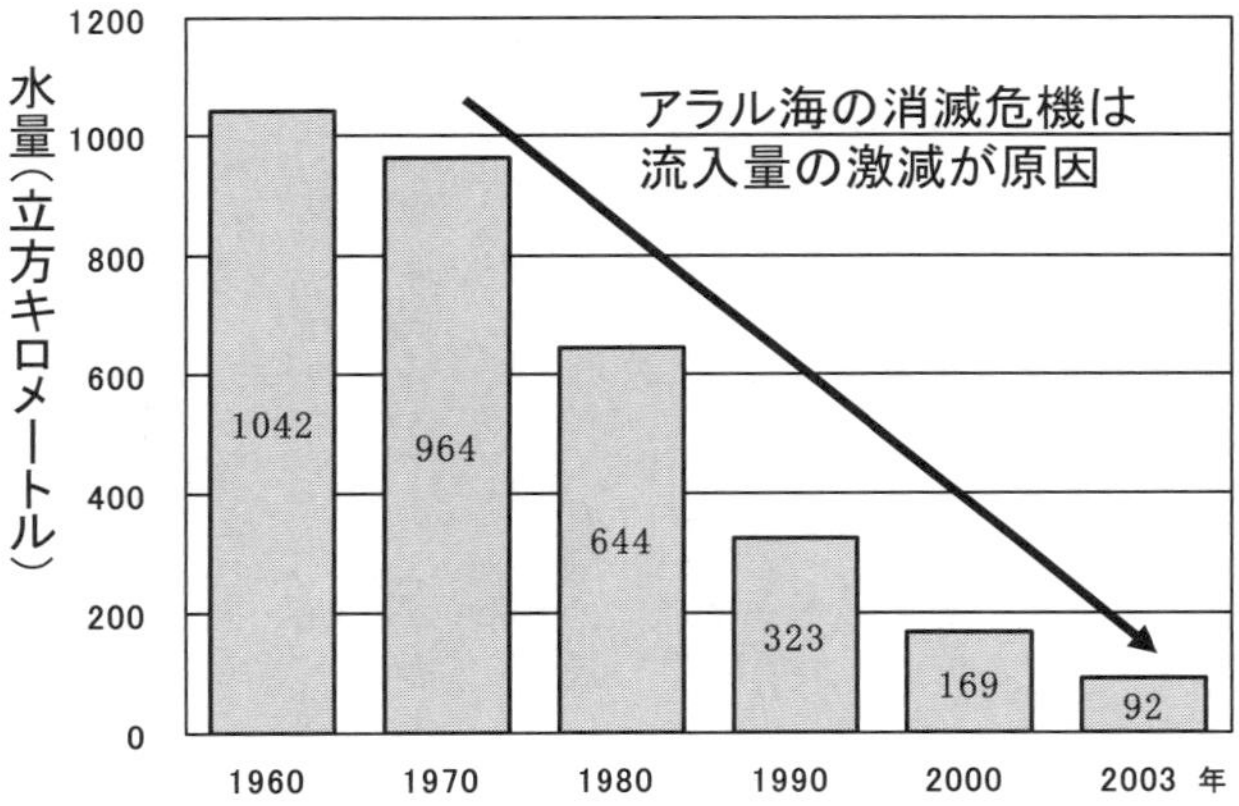

朝日新聞、2003年11月27日のデータより。

二酸化炭素温暖化論に基づいて発表されている野生生物絶滅などの被害想定は、見当違いのものばかりである。

野生生物が生きられなくなる原因を、これらの生き物に尋ねてみればよい。人間がおこなう樹木伐採と、山野での道路建設が、ほとんどの原因である。残りは密猟だ。

野生の昆虫類が減るのは、農薬・除草剤・化学肥料の撒布《さんぷ》と、河川の護岸コンクリート化が、ほとんどの原因である。

海の魚介類が減るのは、海岸のコンクリート化、テトラポッド、汚染物排出、発電所の大量排熱、海砂採取がほとんどの原因である。現地を調べたことのない自称「エコロジスト」たち都会の「温暖化教」信者が、これらの自然破壊行為を、まったく罪のない二酸化炭素になすりつけている。恥ずべき人間たちである。日本沿岸の至る所で、コンクリート材料として海砂が採取され、近海の小さな生物が壊滅しつつある。特に漁場では、イカも小魚のイカナゴも、きれいな砂に産卵する。良質な海砂のある場所は漁師にとっても好漁場だが、イカナゴがいなくなればそれを食べるアジやサバも来ない。

海への放射能の放流は、寿命の長い放射性物質が魚介類に取りこまれ、死骸が海底土壌に沈殿し、再び海水に放出されるサイクルによって、その場所が半永久的に汚染海域になる。これらの魚介類にタンパク質を依存している日本人にとっては、最もおそろしいものが放射能である。

白化が問題になっているサンゴ礁《しょう》は、一九九八年と二〇〇七年に、世界遺産のサンゴ礁グレートバリアリーフや沖縄県の八重山諸島近海でサンゴの白化現象が発生して「地球温暖化だ」と大きく騒がれた。しかし一九九八年と二〇〇七年はいずれもラニーニャが発生した異常な年で、地球の温暖化のためだという根拠はどこにもなく、二〇〇七年は寒冷化の時期にあたる。サンゴについて、最近の人間は、地質学や考古学の初歩知識を知らないらしいので驚く。高温だった約四億年前の古生代シルル紀末、まだ陸土のかけらもなかった日本の背後には、日本海をうずめて広い大陸が横たわり、現在の日本の位置には美しいサンゴ礁でくまどられた浅い内海が広がっていたことが、化石や地層の証拠から知られている。それこそ海底火山が大噴火を続ける地球激動期だ。三億数千万年前の古生代には、当時の地球をおおっていた大地中海であるテチス海につながる中国の貴州サンゴ海の東端、日本に鬼丸サンゴが広がったので、考古学者は鬼丸時代と呼んできた。現在よりはるかに高温だった一億年前でも、縄文海進時代でも、サンゴの繁茂は著しかったので、高温が原因でサンゴが死ぬということはあり得ない。

カリフォルニア大学とオーストラリアの共同研究チームが二〇〇三年八月一五日に科学誌「サイエンス」に発表した報告によると、ほとんどのサンゴ礁の環境は、人間が周辺に定着した直後から悪化し始め、二〇世紀に入る前から急速に悪くなり始めたことが判明している。「過剰な漁業と地上からの汚染物質の流入」が、最大の原因であり、サンゴが死滅する白化現象が二〇世紀後半に問題になる以前から、人間活動の影響で、サンゴ礁の環境破壊が進んでいたことが裏付けられている。

ヤシの実洗剤と化学洗剤と、どちらが自然界にとって好ましいか。ヤシの実洗剤はヤシ油とパーム核油を原料にした植物性洗剤なので、自然界に放流されても化学洗剤と違って分解されやすく、下水道や河川の汚染を起こしにくい。そのためパーム油は、生産量が四〇年間で二〇倍以上に急増し、二〇〇五年に大豆油を抜いて植物油の第一位になり、二〇〇八年には全世界で約四三〇〇万トンが生産された。環境保護にとって、大変いいことだと思うに違いない。だが、しかし、である。

ヤシの実洗剤のパーム油の原料アブラヤシは、主に赤道に近い熱帯雨林地方で栽培され、マレーシアとインドネシアが、世界の生産高の八七%を占めている。マレーシアやインドネシアの熱帯雨林が、このアブラヤシのプランテーションのためにつぎつぎと伐採され、急速に縮小しているのだ。植物性洗剤のために熱帯雨林が消えれば、どうなるか考えてみなければいけないだろう。マレーシアのボルネオ島の熱帯雨林には、ボルネオゾウとオランウータンが生息して、生存の危機に直面しているのだ。

自然界にとってよいことをしたつもりでも、このように自然界の動物を苦しめることがある。「農業は樹木の伐採から始まる」という点では、農業もまた、古代の人類が最初に手をつけた自然破壊行為である。しかし一方では、適切な手入れをしない農地や山林の自然は荒廃してしまい、洪水など数々の災害をもたらす。現代人の問題は、古代人とスケールが違う大規模な自然破壊をしているところにある。

しかも食用油、石けんなどに利用されてきたパーム油が、今度はインドネシア政府によって、その収穫量の四〇%を自動車用バイオ燃料に振り向ける計画が進められている。これは、まさしくガソリンを標的とした二酸化炭素温暖化説による自然破壊のシンボルである。マーガリンの原料となるナタネ油もまた、ヨーロッパ政府の手厚い補助を受けるバイオディーゼルに奪われつつある。バイオ燃料は、いま南米各国の樹木伐採の恰好の口実に悪用されている。自動車を動かすため、サトウキビなど動物飼料が失われるという現実に手を貸しているのが、二酸化炭素温暖化論者の立派な環境保護運動だ。

現代にある問題の大半は、工業化にともなう「消費量の増大」による、ブルドーザー的な自然破壊にある。地球上の人類の人口増加は、それ自体がとてつもなく巨大な問題である。

先進国から日々吐き出される産業廃棄物はすでに行き場を失って、経済後進国の奥地と近海を狙っている。われわれは膨大な有害廃棄物を投棄する海賊行為を続けながら、自国の文明を享楽している。この汚染物が、地球規模の海洋汚染を引き起こしている。

都会でのうのうと言葉だけ自然保護を訴える時間があるなら、農地と山林に飛びこみ、日本で年々広大になりつつある不耕作地を甦《よみがえ》らせて食料自給率を高め、荒れ果てようとしている山林の手入れをするほうが、はるかに効果がある。二酸化炭素温暖化論者は、農耕地復活のためにどれほどの努力をしているのか。

日本国内のスズメの生息数が最近二〇年足らずで八〇%、半世紀前との比較では九〇%も減少し、一八〇〇万羽にまで減っている。スズメの激減は、餌場《えさば》の田畑が減り、巣を作る木造家屋の減少が原因である。この頃の自然保護を訴える人たちは、レッドデータブックなるものを広げて稀少《きしょう》生物の保護しか言わないが、稀少生物種が稀少になる前に、スズメのように当り前の生物が激減していることが寂しくないですか。私にとっては、子供時代の東京のどこにでもいたチョウチョ、トンボ、バッタ、スズメがいないことのほうが、よほど深刻に感じられる。昔は渋谷のど真ん中で、夕方にはコウモリの大群が飛び交っていたのだ。その当り前の生物が減っているから、稀少生物種が稀少になっているのだ。

ミツバチが受粉してくれなければ作物ができないというのに、ここ数年、全世界におけるミツバチの大量減少の謎は、殺虫剤か抗生物質か、その原因がまだ解き明かされていない。しかしミツバチの帰巣《きそう》本能が、地球の地磁気に頼っていると考えられることから、一説には、携帯電話やナビゲーターの普及に伴って、人間の放つ電磁波が膨大な量に達したためではないか、とも疑われている。

危険な遺伝子組み換え作物の栽培面積が拡大し続けている。そこに日本の食品安全委員会が「安全だ」と報告書にまとめたクローン牛・クローン豚の普及を、読者は無気味に感じないのですか。

最大の自然破壊は戦争である。アメリカのアフガン攻撃・イラク攻撃のように理不尽な人殺しと自然破壊を放任してきた人類に、自然保護を語る資格など微塵《みじん》もない。

それぞれ、本一冊ずつ書きたいほどの問題について、ここまでその実例の一端を挙げただけで、二酸化炭素に惑わされている人類の環境破壊の姿が見えないだろうか。こうした個々の問題に真剣に取り組むのが、環境保護運動ではないのか。

生物の生命はどこから生まれたか

最近聞かれる「低炭素社会」という言葉は、人間が自ら生命の素である炭素を否定する、愚劣きわまりない、非科学的観念論の所産である。われわれは、植物の炭酸同化作用に始まって、動物が炭酸ガスを吐き出し、いかにして炭素からエネルギーを得るかを人体が考え出し、それによって貴い生命をこの世に授かった生物である。

【図60】のように、光の電磁波エネルギーを化学エネルギーに変える光化学反応によって、光合成による炭酸同化作用がおこなわれる。これが、生命の源となった有機物の大量生産の始まりである。なぜ炭素や炭酸ガスを憎むのか。植物の光合成では、光から得たエネルギーを使って、空気中の二酸化炭素と、根から吸い上げた水で炭水化物（糖分）を合成し、水を分解しながら酸素を大気中に供給するのである。

また人類は、たきぎ、木炭、石炭を燃やし、この炭素が与えた熱によって、ようやくここまで生きてきた生物である。炭素は、熱源となる最も重要な元素なのである。現在も台所のガスコンロで、炭素を燃やしているではないか。

【図60】光合成による炭酸同化作用

光の電磁波エネルギーを化学エネルギーに変える光化学反応によって、光合成による炭酸同化作用がおこなわれ、生命の源となる有機物が大量に生まれた。

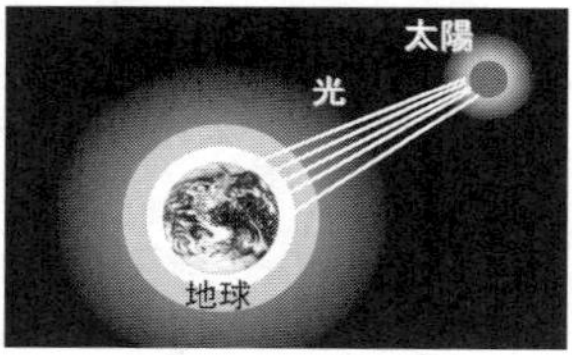

炭素　酸素　→　二酸化炭素

$C + O_2 \rightarrow CO_2$

水素　酸素　→　水

$2H_2 + O_2 \rightarrow 2H_2O$

水　二酸化炭素　→　ブドウ糖　酸素

$6H_2O + 6CO_2 \rightarrow C_6H_{12}O_6 + 6O_2$

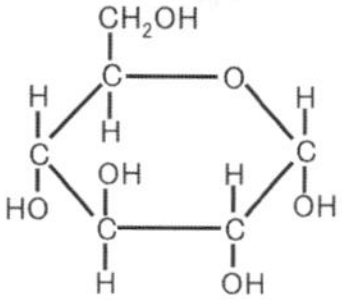

「低炭素社会」と叫ぶ人間たちが、二酸化炭素を出すビールをやたらと飲み、石炭を燃やして走るＳＬ（蒸気機関車）を見て、はしゃぎ回る。実は、ビールにもＳＬにも罪はない。私たちも炭酸ガスを吐いて生きている。植物に迷惑なライトアップで電気を浪費するほうが、よほど罪がある。ライトアップに省エネのＬＥＤを使えばよいという話ではない。特に腹立たしいのは、最もすぐれたエネルギー源である天然ガスまでも、CO_2排出源として槍玉《やりだま》にあげている人間たちの驚くべき無知である。このような誤解を招く低炭素社会という言葉を使うべきではない。炭素を効率よく使うという意

味であるなら、熱エネルギー利用の意をこめて、省エネ社会と言うべきであろう。

ガソリンのような石油製品や、石炭など、すべての化石燃料は、太陽エネルギーを過去の動物と植物が凝縮して生まれた、地球最大の自然遺産である。太陽が生み出したこの天然の化石燃料を、悪の象徴のように語る人間が多いが、脱石油時代という言葉も、現実にはあり得ない選択である。この貴重なエネルギー資源に深く感謝し、それをいかに無駄なく使い、将来世代に残すかが、大切な思考法なのである。

自然が作り出した石油を悪にするのは、短絡的な暴論である。石油は、自動車のガソリンとディーゼル燃料、火力発電の重油燃料、ストーブの灯油として燃やされて、熱エネルギーを生み出すが、それだけではない。石油化学製品は、住まいのすみずみで使われている。台所用品、書物、新聞・雑誌、写真の印刷インキから、医療機器・医薬品・入れ歯・福祉用品、膨大な衣類と寝具、レインコート、防寒具、スポーツ用品、サンダル、傘、メガネのレンズ、バケツ、電卓、財布、接着剤、ボールペンやファイル、フォルダーなどの文房具に至るまで、これら一切なしにあなたは生きられますか。映画フィルム、電線・電話線、パソコン、携帯電話、染料・塗料、家具は、言うまでもない。

もしプラスチック製品など石油合成物質がなければ、代りにどれほど多くの森林が伐採され、野生動物の皮が剝《は》がされ、金属・鉱物資源が使われたか、想像もつかないほどである。

問題は、消費量にある！　使いやすいために人類の消費量を激増させたことと、その廃棄物とその処分法にある。また、石油製品も合成物質として、有害な医薬品、排ガス、農薬、除草剤、環境ホルモン、ダイオキシンのように危険な物質になる。

温暖化などという曖昧《あいまい》で見当違いの言葉で地球の異常気象を説明したり、議論しないことが肝要である。それぞれの異常の原因は多数の要因によるので、それぞれ科学的に分析しなければならない。はっきり断言できることは、ここまでの文章を読み返していただければ分るように、これらの問題のどこにもCO_2は登場しない。まったくの無実である。

現在は、ガリレオを裁判にかけた中世の宗教家と同じように、「炭酸ガス教」という新興宗教が地球に荒れ狂い、科学と、真の公害撲滅運動を地獄に追いやろうとしている。その先導的な役割を、新聞・テレビの記者・デスクたちが担っているのは、ただ単に、不勉強のためである。

大事なことは、自然や人間が苦しんでいることに目を向ける態度だ。

私が心配なのは、【図61】に示される子供たちの喘息《ぜんそく》の増加である。中学生では、三二年間に二二倍にも増えているのだ。

以前に、アメリカの新聞に出たヒトコマ漫画では、もうもうとスモッグに包まれるニューヨークで、排気ガスを吹き出すバスの横腹に「No Smoking」と大書され、そこに乗りこむマスクをした乗客の列が描かれていた。一体、自動車の内部を禁煙にして、何の効果があるのかと、この漫画は皮肉っていた。これが、「禁煙運動」の実態である。

【図62】の通り、日本で喫煙者が激減して、なぜ肺癌《はいがん》が激増するのか、禁煙運動家に尋ねたい。日本人はタバコを猛烈に吸った高齢者世代がいつまでも死なないものだから、若い世代の経済が将来絶望的なのではないのか。私は白人に根絶されたインディアン文化を保存するために、また「何よりも先に出たがるたばこ盆」と謳われた江戸時代の粋《いき》な文化を愛し、死ぬまでタバコを絶対にやめないチェーンスモーカーだが、喫煙を奨励しているのではない。タバコより何万倍も危険なものを人類が大気中に排出しているから、喫煙者が減っても肺癌が増加していることは、グラフを見れば一目瞭然である。それを抑制せずに、

【図61】子供の喘息の発生率

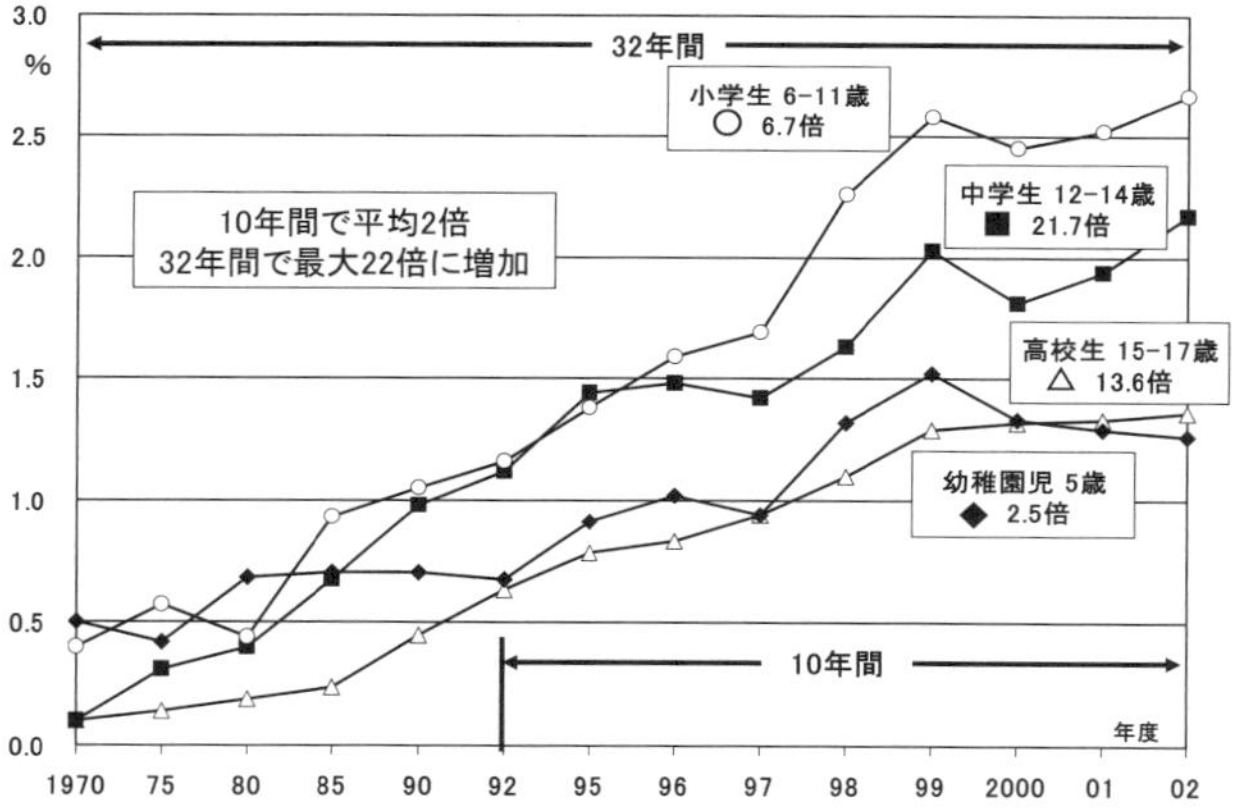

文部科学省学校保健統計調査より。

【図62】日本人男性の肺癌とタバコ喫煙率の関係

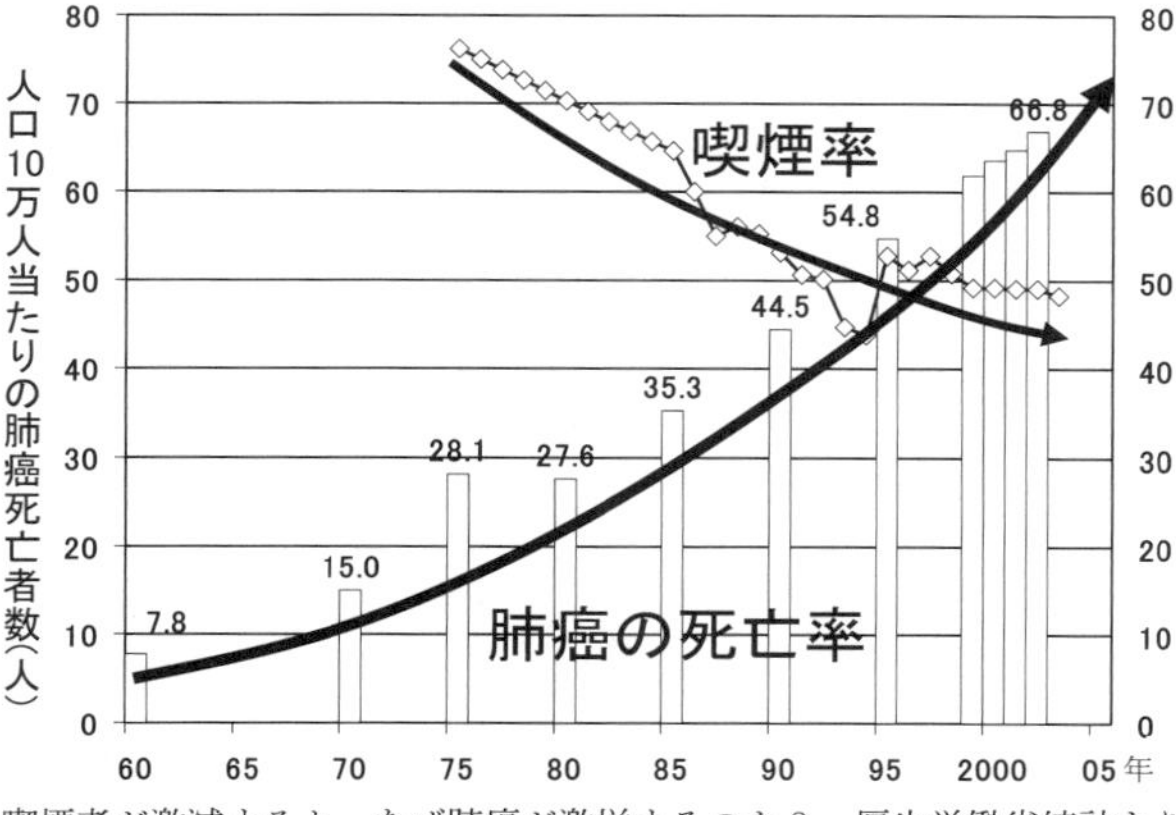

喫煙者が激減すると、なぜ肺癌が激増するのか？　厚生労働省統計より。

禁煙だけをヒステリックに叫ぶ人間こそ、子供たちの喘息を増やしている張本人だと批判しているのだ。その犯人はどこにいるのか。なぜ高速道路沿いの子供たちに喘息被害が多いのか。

現在の全世界の自動車生産台数を知っていますか。ガソリンエンジンのエネルギー効率は、たった一六％という低いものだが、二〇〇七年には、乗用車とトラック、バスを合わせた四輪車の合計が七三一〇万台である。人類全体ではほぼ一〇〇人に一人が自動車を買っているおそろしい数字だが、自動車を買うほとんどの人間は先進国と新興国に集中しているので、これらの国の自動車密度は驚異的である。ところが日本政府は、高速道路の料金制度を変えたりするなど混乱、迷走しながら、「車に乗れ乗れ」と誘惑する。その上、地方自治体は、「道路をつくれつくれ」の大合唱。自動車メーカーは、世界的な販売不況に襲われて真っ青になり、派遣切りに必死となってきた。そして喘息撲滅と肺癌撲滅に何の効果もなかった無粋な禁煙運動に世間は熱中している。おかしいと思いませんか？

二酸化炭素の排出抑制は、こうした数々の問題の実害防止に何の効果もない。温暖化していると言うなら、地球より先に、一刻も早く自分の頭を冷やす必要がある。

有害物質を排出しないことと、コンクリート化による機械的な自然破壊を控えることと、熱の有効利用（排熱を減らす）、この三つこそが、まともな人間の目指すべき静かな目的地なのである。

その最後の「熱の有効利用」に、話を進めたい。

電力とエネルギー論

ここまでの結論。

(1)炭酸ガスは、異常気象や地球の気温変化に対して過去も将来もまったく無実である。無関係のことに目をとられている隙に、自然破壊がどんどん進行している。

(2)原発は、海水を加熱する巨大な自然破壊プラントである。

(3)ヒートアイランドを起こす排熱量を極力減らす必要がある。

そこで、大きな排熱源である電力について、希望的な道を探るために考えてみる。

まず発電の原理の基本的なメカニズムを説明すると、一八三一年、日本で言えば幕末の時代にイギリスのマイケル・ファラデーという小学校しか卒業していない天才が出現して、機械的なエネルギーを電気のエネルギーに換える発電機の原理を発見した。今から一八〇年前になる。たとえば、おもちゃの汽車では、電流を流すとモーターがくるくる回り出して、汽車が走り出す。逆に、あるものを回すと電流が流れるという仕組み、これが発電機である。つまりモーターと発電機は逆だが、原理はどちらも同じで、磁力を使って電磁誘導を利用する。したがって何かのエネルギーを使って回転を起こせば、電気が起こるという重要な原理をファラデーが発見したのだ。

その回転のエネルギーとして何を使えばよいか。一番簡単なのは、自転車に乗ってライトをつける。サイクリングでタイヤを回して、タイヤにくっついている回転軸が回り出せば、それで電気が起こり、豆電球が灯《とも》る。本当は人間がこの足踏み式の方法だけを使っていれば問題ないのだが、大量の電気が必要なので、そうはいかない。水を落として水車を回せば、水力発電になる。風が吹いているところで風車を回せば、風力発電になる。もう一つの方法は、水を沸かして蒸気をつくり、タービンの羽根に当てると、タービンが回り出す。この蒸気を使うのが火力発電と原子力発電である。

加熱するものに、石炭を使うか、石油を使うか、これらのいわゆる化石燃料を使えば火力発電になる。ガス火力では、蒸気をつくらずに、ガスを燃焼した時の噴射力を直接使ってタービンを回すこともできる（後述）。ウランの核分裂エネルギーを使えば、原子力発電になる。

つまり、これらの発電所の基本は、ただお湯をわかす装置である。ところがこれが、大きな排熱源となって自然を破壊し、また時折停電を起こす。二〇〇三年八月一四日にニューヨーク大停電が起こると、自動車王国だから交通は問題ないと思うのだが、大群衆が道路一杯にあふれてぞろぞろ歩いて帰宅するという珍妙な光景が見られた。停電になれば、現代人はパソコンに依存しているので、仕事がまったく何もできなくなるが、それはタバコで一服すればすむ話だ。しかし電車・列車、エレベーターが動かなくなり、信号が消えるので交通が渋滞して消防車が火災に出動できず、手術中の病院では自家発電機で短時間は乗り切れても、深刻である。浄水場でポンプに頼っている水道も出なくなる。冷蔵庫が長時間消えれば、食品が全滅する。現代人は、きわめて危うい電気器具に頼りきっているのである。

原発がなければ停電するか？

【図63】は、二〇〇八年一〇月時点の発電所の定格出力、つまり日本全土の発電能力を示した図で、大部分が電力会社所有であることが分る。見た通り、圧倒的に大きいのは火力発電である。この発電能力の変化（増加）を、一九六〇年代から長期的に藤田祐幸氏が描いたのが【図64】である。火力、水力、原子力を毎年合計したものが棒グラフである。そこに走っている折れ線グラフが、その年の最大電力、つまり一年で最も暑い真夏の午後二～三時頃に記録される電力消費の最大値《ピーク》である。

誰が見ても、棒グラフの一番上の原子力がなくても、発電所はあり余っている。しかも二〇〇一年のピークが史上最大で、以後一〇年近くもこれを超えていない。原発がないと停電する、と考えることがそもそもナンセンスなのだ。

ではなぜ、電気の三分の一が原子力だと宣伝され、原発がないと停電するかのような脅しが電力会社によって語られ、新聞とテレビがそれを引用するかと言えば、【図65】のように、原発だけは強引にフル運転して、発電量の比率を高める悪知恵をしぼってきたから

【図63】2008年における日本全土の発電能力

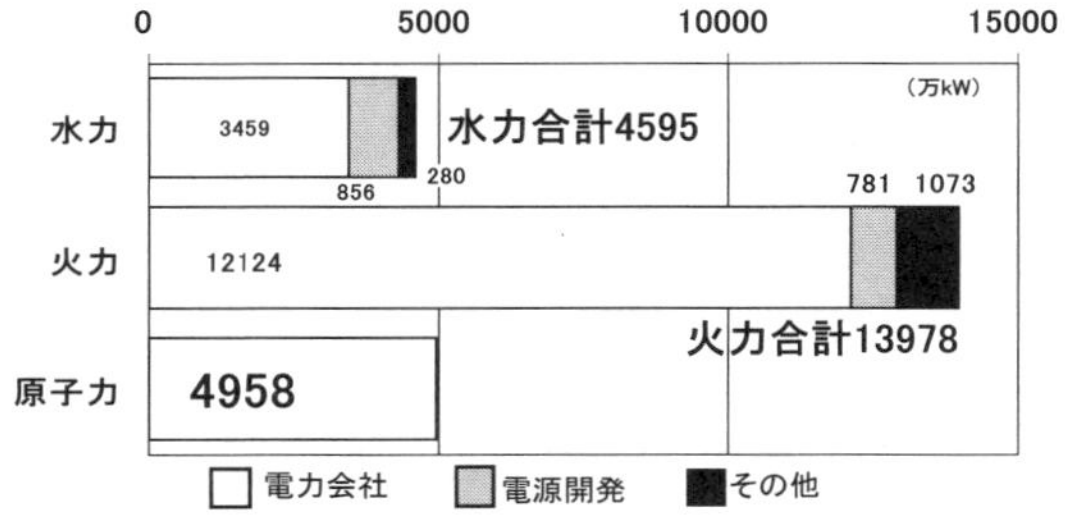

2008年10月時点の定格出力。「原子力」には日本原子力発電株式会社分を含む。「その他」は卸電力、公営・特定電気事業者、特定規模電気事業者。資源エネルギー庁データより。

【図64】発電施設の設備容量と最大電力の推移

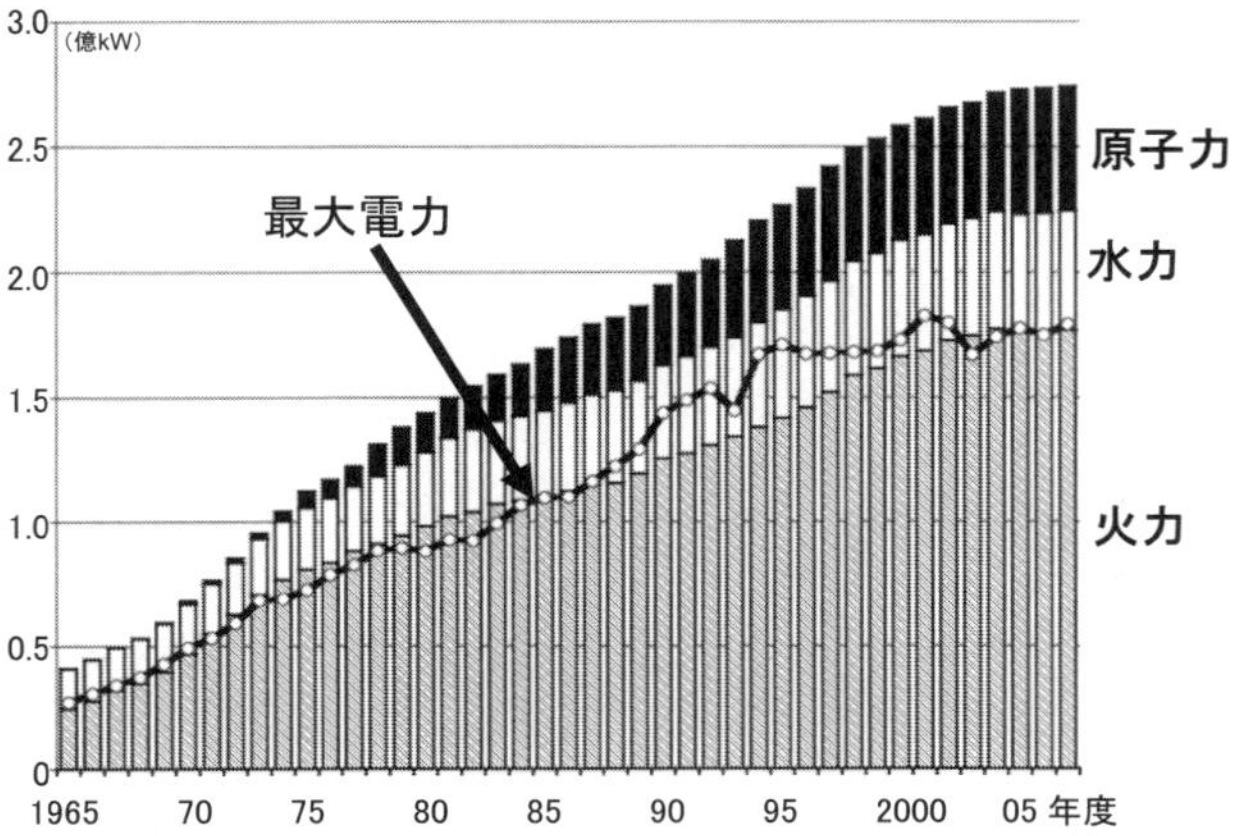

最大電力が火力+水力の発電能力を超えたことはないので、原発なしでも停電しないことが分る。エネルギー・経済統計要覧(1994年版〜2009年版)より藤田祐幸氏作成。

【図65】2008年度の発電実績（設備利用率）

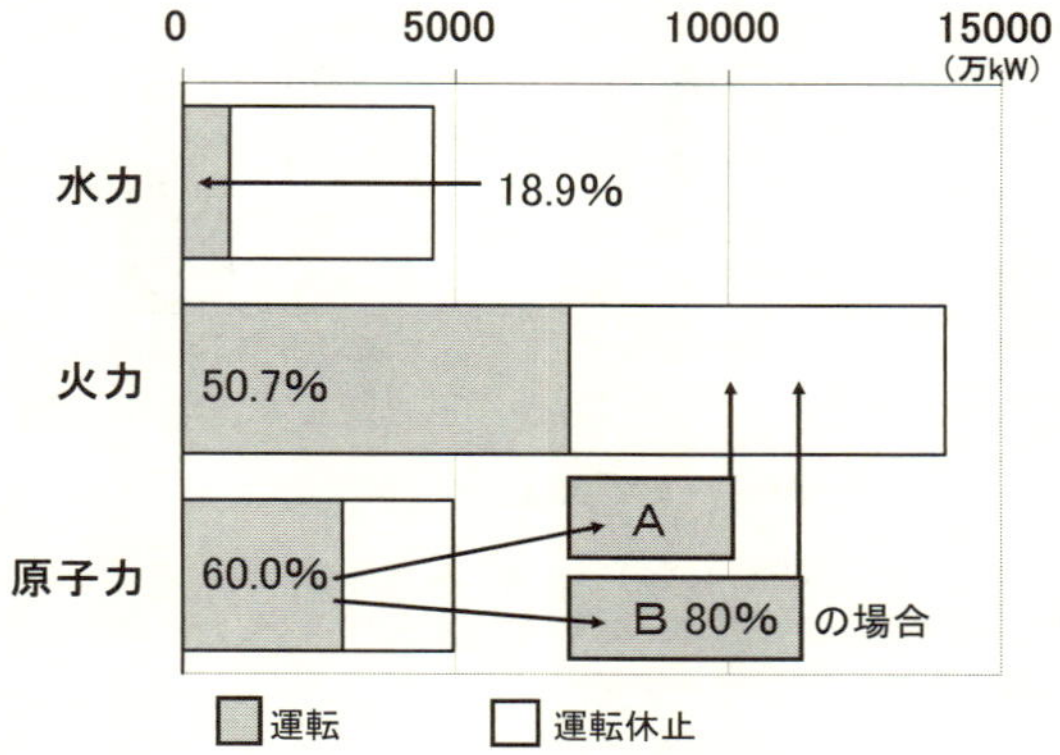

【図63】に示した水力・火力・原子力の発電所が、実際にどれほど使われたかを示す。2008年度の原子力の発電量（A）は、休止された火力の半分も使わずにまかなえることが分る。原子力が80%のフル稼働で使われる場合（B）を考えても、火力で楽にまかなえる。経済産業省と資源エネルギー庁データより。

である。この三枚のグラフを見ていると、実は面白いことに色々気づくはずである。火力と水力は、立派な発電所を持ちながら、大部分が休んでいるのだ。ではなぜ、これほど無駄な火力発電所や水力発電所を持たなければならないのだろう。

注意しなければならないのは、この二〇〇八年度の原発の稼働率が六〇%という低い数字で、これでも動かせる原発をすべてフル運転しての悲惨な現実だということである。原発はいつ止まるか分らない当てにならない発電所なのである。そのため予備に大量の火力と水力を持っていなければならないのだ。かつては原発がフル稼働して八〇%も使われていたが、その場合（図中B）を考えても、休んでいる火力を動かせば、原発の発電分を楽々まかなえる。このように実際には不要ながら、原発必要論の口実にいま最も悪用されているのが、二酸化炭素温暖化という土台から崩壊した仮説だったのである。

ところが皮肉にも、原発がなくても世の中に何の影響もないことを実証したのが電力会社であった。電力会社の不正はあとを絶たず、二〇〇二年に原発の重大欠陥を隠蔽《いんぺい》し、データを改竄《かいざん》するなど悪質きわまりない行為が次々と発覚した東京電力は、二〇〇三年四月一五日午前零時、首都圏に送電する福島・柏崎刈羽の原発一七基がすべて停止するという事態に追いこまれた。ここで真夏の電力危機が喧伝《けんでん》されたが、その後、まったく停電は起こらなかった。

さらに二〇〇七年七月一六日に新潟県中越沖地震が起こると、わずかマグニチュード六・八という中地震でぶざまにも内部が大崩壊し、土台が揺らいで巨大な変圧器が火災を起こすと、大事故寸前まで突っ走り、「世界最大の原子力発電所」柏崎刈羽原発七基の原発がすべてストップしてしまった。その後、東京電力は、まったく停電を起こしていない。中部電力の浜岡原発は、最新鋭の5号機が二〇〇八年度まで四年平均のフル稼働率がわずか六一%のところへ、二〇〇九年八月一一日にマグニチュード六・五のごく小さな駿河湾地震が起こると、お盆の帰省時に東名高速道路の崩壊と共に、原子炉が想定を超える大揺れに見舞われ、真っ青になって停止したまま動かなくなった。名古屋を中心とする中部経済圏では、その後、まったく停電を起こしていない。日本全土が送電線の電力網で結ばれている現在、落雷のような突発事故がない限り、停電など起こるはずがないのである。

こうして全土で不正発覚と事故続き・地震による停止が続発の原発は、【図66】のように設備利用率、つまり運転の稼働率がぐんぐん悪化して、電力供給に対して、最も信頼できない発電所として悪名高い存在になった。動かせる原発をフルに運転しても、今や電気の四分の一をまかなうのに精一杯なのである。

そもそも地震大国・日本で、地震の活動期に入った今、原子力発電所に大事故があった場合に、電力を大きな発電所に集中的に依存していては、日本人の生活と、企業の活動を、これからも保証できるはずがない。また一〇〇兆円を優に超える原発大事故の損害額を、

【図66】急落する原発の設備利用率

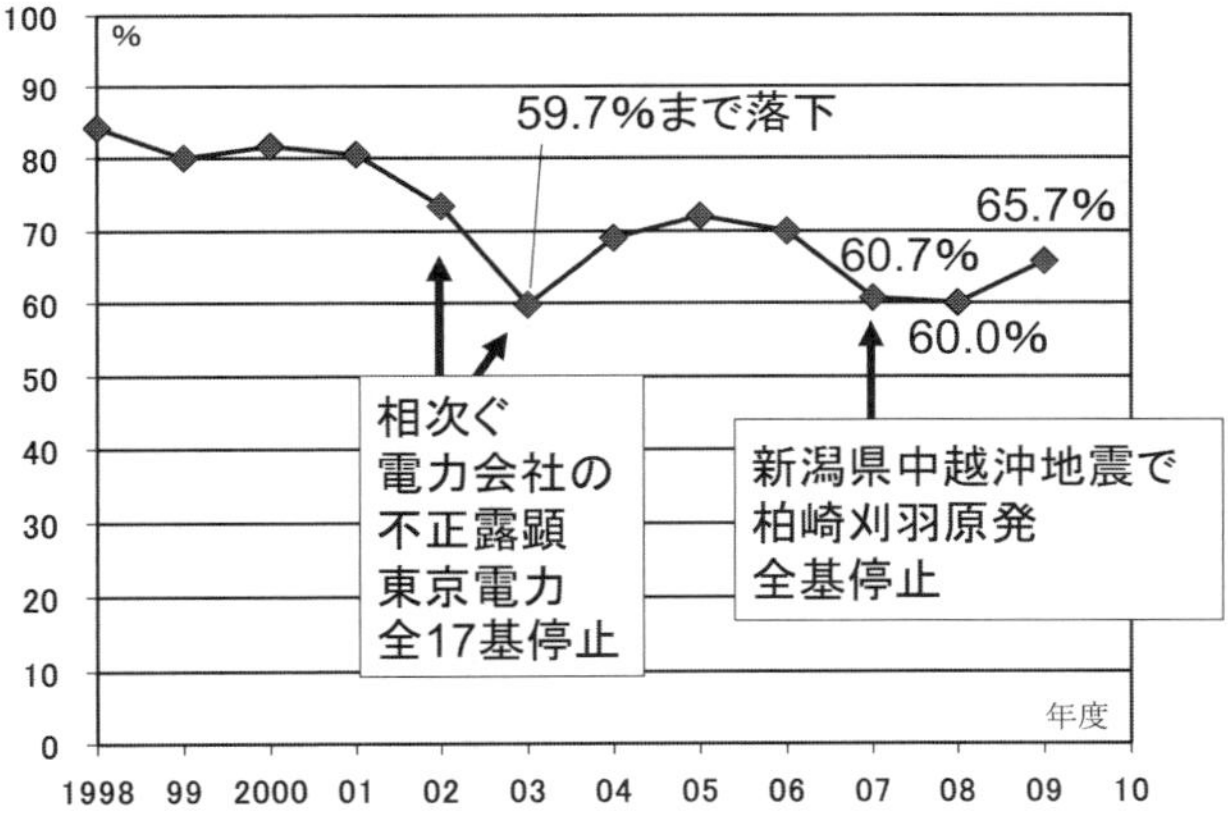

経済産業省の公表値。

政府も経済界も補償できないことが分っているのに、なぜこのように危ないものに国の運命を預けるのか、それが理解に苦しむところである。電力会社と、政治家と、マスメディアは、原子力を愛しているのであって、日本を愛していない。彼らがまともな人間だと言いたいならば、不安のない電力の安定供給のために、原発から脱却するよう、目覚めるべきである。発電法は、ほかにいくらでもある。

つまり電力を供給する発電所や発電設備は、できるだけ分散し、安全で小型なものにする時代に向かうべきだ。電力会社の経営上の都合を優先させて組み立てられてきた戦後の官僚的な電力供給システムは、国民生活と産業活動を優先するものに変えなければならない。そのために必要なのは、電力会社が独占してきた電力の完全自由化である。電力会社が発電機を発明したのではなく、ファラデーが発明したのである。そこで法律が改正されて、わずかずつ電力自由化が進められてきたが、送電線を握っている電力会社が自分の利権を奪われないように、ほかの企業による発電をいかに少なくさせるかという知恵を働かせて、ほかのエネルギーの普及を妨害しているため、完全自由化が進まないのである。

しかしもし、電力の完全自由化がおこなわれても、ほかの企業による発電法が社会に対してすぐれていなければ、たとえ原発ではなくとも、それでは自由化の意味がない。二酸化炭素温暖化論を退治した私たちは、ここに大きな希望があるので、これからその理想的な技術の可能性を論じてみたい。

誰が電力問題を起こしている最大消費者か

電力をどのように生み出し、使うのが、理想的なのだろうか。

第一の論点は、北海道・東北などの寒い地方を除いて、日本では真夏の午後に最大ピーク電力を記録するので、電力会社はその電力需要に応えなければならない現実がある。そのため、最大電力量が発電所の増設に拍車をかける口実に利用され、原発にばかり力が注がれてきた。すでに述べたように、真夏の暑い時に、クーラーをかけなければ涼しくなるのに、環境大臣が真夏にヒシャクで道路に水まきしてニュースになるようでは、日本に救いはない。

日本は、経済崩壊した現在、発電所増設どころではない。産業界の電力需要が激減し、二〇〇八年度、二〇〇九年度と二年連続で過去最大の電力消費落ちこみを記録したのである。省エネ家電の普及はすぐれた切り札だが、それに買い換えるのは、経済的に苦しい日本人にとって容易なことではない。二〇年間言い続けてきた言葉だが、無駄をしないにつきる。コマーシャルで、「CO_2を減らす」と宣伝している企業は、たとえそれが省エネ家電であっても、その製品を何の目的で開発したか正しく理解していないことになる。「消費量を減らす」と言うのが正しいのだ。そこで、その省エネルギーの話に移りたい。

第二の論点は、どのような発電法がすぐれているか、である。

おそらく読者の大半は、三〇年前の私がそうだったように、太陽や風力の自然エネルギーの大普及が、自然環境にとってよいと思っているだろうが、それほど単純ではない。つまり叙情的な解決法を求めても、問題は解決しない。善意で自然エネルギーの利用に熱心な人たちが理解しなければならないことがある。

現在のエネルギー問題を起こしているのは、主に真夏の日中に起こる、ほんの一時的な大量のピーク電力需要である。そしてこれは、【図67】に示されるように、ほとんどが企業や自治体、学校などの組織的な活動によるものであり、家庭の電力問題ではない。グラフで下に書かれているのが住宅用、つまり家庭の消費量である。家庭のピークは、家族が帰宅してそろった夕刻よりあとなので、真夏の日中のピーク電力需要には、罪がないのである。このグラフは民生用の電力消費パターンであり、このほかに産業用がほぼ同じ規模で消費されるので、真夏のピーク時に、住宅用は全体の中でさらに小さいことが分る。

したがって、もともと電気の使用量の少ない節約志向の人、あるいは小さな地方や地域が、自分一人で小さな胸を痛めてエネルギーの節約をしても、残念ながら問題は解決しない。われわれ貧乏人が節約しても、ちっとも貯金が増えないのと同じ原理で、テレビコマ

【図67】夏における電力の消費者の分布

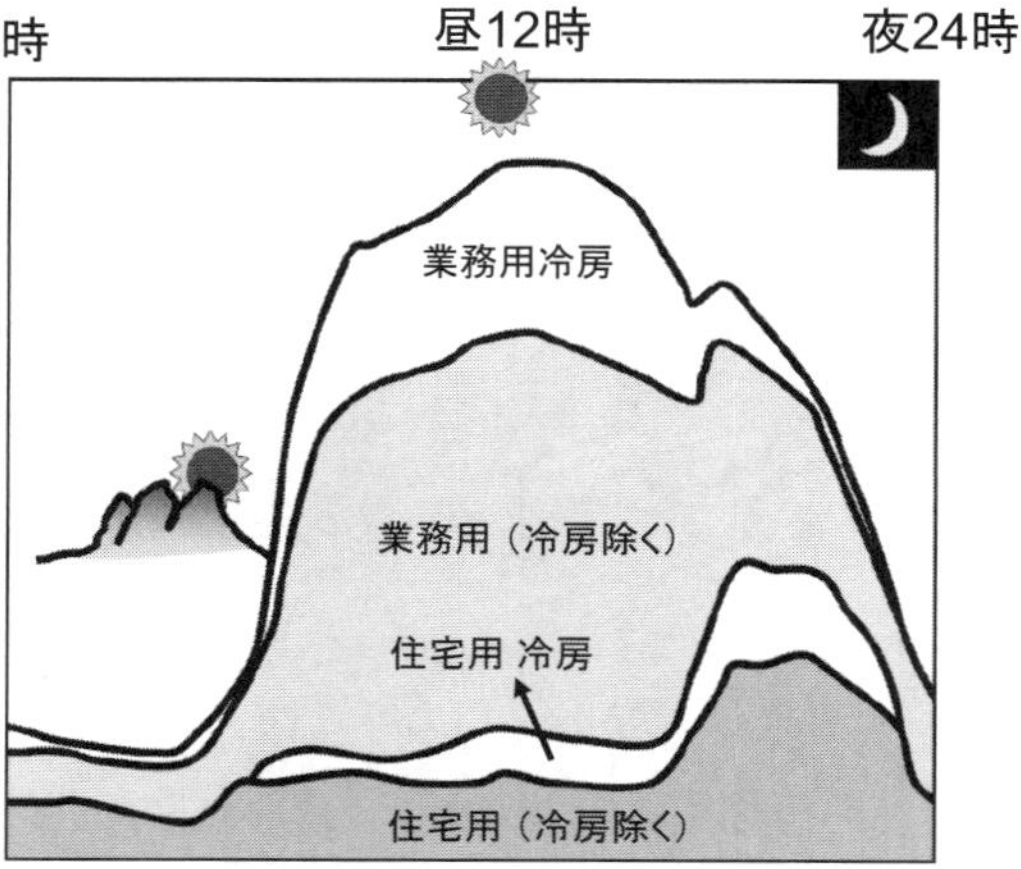

これは真夏に冷房を使用する多くの地域における民生用の電力消費量を示す代表的なパターン。このほかに産業用が同じ規模で消費されるので、真夏のピーク時に、住宅用は全体の中できわめて小さいことが分る。電力中央研究所データより。

ーシャルで誘導されるエコのような節約は、真夏に焼け石に水なのである。私のような人間がごくまれに東京都心のビルに入ると、吹き抜けの巨大な建物が冷暖房されているのを見て、建築家の堕落は、ここまできたかと愕然とする。手を洗う場所には、乾燥ドライヤーがある。なぜハンカチを使わないのだ。どこを見ても、無駄の塊だ。彼らビル建設者が無駄をなくさないのに、どうして貧乏人に節約しろというのか。

その結論として、都会や産業に向けて、普及度の可能性が高く、エネルギー効率が高い方法を求めてゆかなければならない。ところが電力の最大消費者であるその産業界は、本質的に自然エネルギーが嫌いである。たしかに太陽や風の発電量は、天候次第で変化するので、安定した工場の操業ができないから、企業を責めることはできない。世間の視線を意識して「わが社も太陽や風を使っています」というエコスタイルをとりながら、実際はゼロに近いのだ。

そこで分ることは、暑い年にしばしば電力不足が騒々しく報道されるが、ピーク電力の価格を高くするように時間別の電力料金制度を設定すれば、企業は金にめざといのでいっせいに電力節約に走るから、ピーク電力のカットは簡単にできる。しかもそのようなピーク電力は、暑い年でも年に二、三日、ほんの数時間しかないのだから、官公庁や大企業に節電を呼びかければ、たちまち下がる。ところが現在は、電力会社が電力の大消費者である大企業向けの電力価格を低くして、あべこべに電力の消費を促しているのだから、「電気を節約しよう」と一般家庭向けにテレビコマーシャルで宣伝するのは、まったく大嘘のコンコンチキである。もともと電気を売ってもうけたい電力会社が、電力消費を減らす気がないことは、常識なのである。

しかしこうした電力総論とは別に、電力会社は、なぜ原発に夢中になるか、というミステリーがある。これは判じ物のようなパズルを解いてゆくと分ることである。

電力会社は、利益を求める企業である。利益の計算は、「収入マイナス支出」である。そこで普通の企業は、支出をいかに減らそうかと血眼になって知恵をしぼる。したがって電力会社も、莫大な金を使う原発より、その四分の一の建設費で同じ電力を生み出せる天然ガスを利用したほうが、エネルギー効率も高くなって自然破壊が少なくなり、企業利益も出るのに、なぜ原発の建設にやっきになるのだろうと、みな不思議がっている。

停電が起こると社会が損失を受けるという理由から、電力会社は、公益事業と呼ばれて、国に利益を保証されてきた。つまり支出が大きくなればなるほど、利益を出すためには、収入を上げなければならないので、電気料金を引き上げてよいという、国から特別に優遇された会社として全国で地域独占企業となり、君臨してきた。彼らは、電気料金を高くするために、支出を増やしたかったのである。

そこで、電力会社と地元の政治家が手を組んで、莫大な投資を必要とする原子力発電所の建設に熱中してきた。なかでもひどいのは、全国で「危険物」として嫌われる原発を強引に建設しようと、発電所に入る金を周辺の市町村に補助金として配り、地元民を黙らせるため、一九七四年に田中角栄内閣が施行した電源開発促進税法である。電力会社が納税する形をとっているが、現在でも、数千億円という巨大な実質「消費税」が読者を含めてすべての消費者から電気料金として徴収されている。この大金が電力消費者➡電力会社➡国（原発官僚差配）➡地方自治体（原発現地）へと電源三法交付金として流れている。

加えて、プルトニウムを取り出すのだと言って始まった青森県六ヶ所村の再処理工場と、取り出したプルトニウムを増やすのだと言って始まった高速増殖炉もんじゅを合わせると、開発費と建設費、維持費で合計六兆円という大金を使って、どちらも目的を失い、完全に破綻、迷走したままの状態にある。

エネルギー分野の国家予算でも、二〇〇九年度に原子力だけが突出して四五五六億円が投入されている。これらの使い道は、百パーセント絶望が保証されている再処理工場、高速増殖炉、高レベル放射性廃棄物の処分の研究などに向けられ、こうした大きな財布にたかる原発の性格はまったく改められていない。これだけの大金をすぐれた新エネルギーの補助金として投入すれば、たちまち、日本の全家庭に燃料電池や太陽光発電を普及させることができるのに、である。

なぜその世論が生まれないかと言えば、ここまで列挙した国の予算が、原子力産業お抱えの御用学者と、テレビコマーシャルと新聞・雑誌広告によるメディアに流れて、実質上、口封じの金をもらっているからである。

では、いま電力会社は何を企んでいるか。

電力会社が最もおそれるのは、自由化の流れの中で、このタカリの財源である原発の比率が下がることである。エネルギー源としての原発最大の欠陥は、ウランの核分裂反応を安定させる必要があるため、電気出力を一定に保たないと大事故を起こす危険なプラントなので、運転し始めると、ずっと一定の発電量を保つところにある。ところが電気の消費量は、さきほどの【図67】のように、正午過ぎにぐーんと高くなり、深夜には大きく落ちこむ。原発は、消費者の使う電気量の上下動に従って発電量を調整できない。そこで、常に深夜の最低消費電力分しか、発電できないという致命的な欠陥を持っている。

つまり、【図68】のようになることが、電力会社の恐怖なのである。正月とお盆になる

【図68】正月とお盆における電力消費パターン

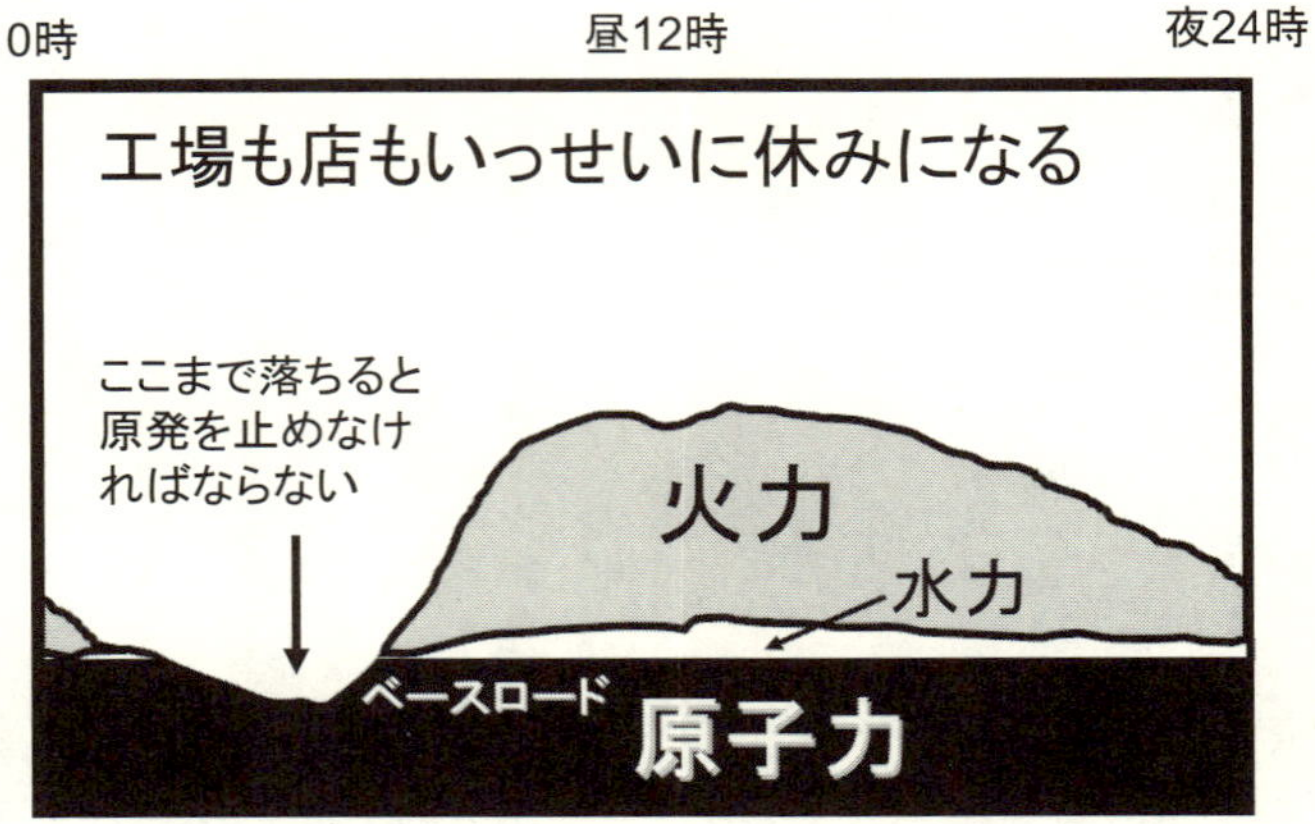

と工場も官公庁も店もいっせいに休みになる。みなが家に集まってテレビを見ても、家庭の消費量はたかが知れているので、消費量全体は大きく落ちる。この深夜の最低消費電力をベースロードと呼ぶが、原発が受け持つベースロードを消費量が切ってしまうと、原子炉の運転を止めなければならないのである。そこで考え出したのが、深夜電力の価格を大幅に下げることと、オール電化の普及なのである。

たとえば東京電力では、夜一〇時から翌朝八時までの夜間電力を、なんと三分の一以下に下げる大幅な割引制度を導入して、余って困る原発の深夜電力を大量に使わせるようにした。そのため、寝ているあいだに風呂をわかす電気温水器やエコキュート、蓄熱式電気床暖房などの夜間蓄熱式機器を普及させ、一方で、ＩＨクッキングなどで料理するオール電化住宅の普及に全力を注いで電力消費を促しておきながら、「節電」を呼びかける電力会社は、矛盾の塊である。こうして、建築家と組んで、オール電化住宅が大きく普及してきた。おっと、待ちなさい。オール電化住宅は、自然破壊の代表なのですよ。

家庭のオール電化は、エネルギー効率と地球の資源活用の面から見て、最も不合理な手段である。発電所で熱エネルギーを出して蒸気をつくり、発電機を回転させる運動エネルギーに変換し、これを電気エネルギーに変換する。原発ではさらに送電ロスが加わって、逆立ちしても最高三〇％しかエネルギーを利用できない。しかも、家庭の暖房器具や温水器や台所調理の煮炊きで、またしても電気エネルギーを熱エネルギーに戻さなければならない。エネルギーというのは、こうして変換するたびに、無駄な熱が空気中に出される原理があることを、学校で習わなかったですか。

電気ストーブと石油ストーブとどちらがエネルギー資源の節約になるか。灯油ストーブの二〜三倍もの資源を発電所で浪費し、熱量ロスが多いのが、電気ストーブである。都市ガスやプロパンガスによるガスコンロ、風呂の湯わかし、灯油やガス・ストーブ、薪ストーブなどによる直接加熱であれば、資源エネルギーの熱を、そのまま一〇〇％フルに利用できるので、エネルギー効率が高い。特にストーブは、輻射熱《ふくしゃねつ》の効果があるので、室内全体を暖めるエアコン方式よりすぐれている。電機器具メーカーは、日本の産業をリードしてきた大手企業なので、頻繁にテレビコマーシャルに登場するが、ストーブメーカーのコマーシャルはあまり見たことがない。この資金力の差によって、みなが欺かれてきただけだ。ＩＨクッキングで料理する本物のシェフなどいないのに。

二〇〇九年にエネルギー・資源学会で広島大学の村川三郎名誉教授たちが発表した調査結果によれば、電力会社が普及させてきたヒートポンプを使う給湯機「エコキュート」は、実際に使われている九割近い家庭が省エネ設定をしないため、従来型のガス給湯器と比べて省エネ効果ゼロかむしろエネルギー消費量が増えることが明らかになり、国土交通省もそれを認めた。

この章の初めに述べたように、気温上昇率が高いのは、夏より冬である。その事実から分るように、特に、家庭で使うエネルギーの大部分は、暖房と給湯による熱エネルギーが六割以上を占めている。熱を使うのに、電気から熱エネルギーを得ようとするのは、変換・変換・変換のため、最も不合理な使い方なのである。正しい電気の使い道は、電気でなければならない電灯（照明）と、パソコン、テレビなどのエレクトロニクス機器と、モーターを使う電気掃除機、洗濯機などの電動器具である。オール電化は、発電所を猛烈に稼働させる最悪の地球過熱システムである。

火力発電所と原子力発電所のエネルギー効率の違い

それでは次に、同じように水蒸気をつくって電気を生み出す火力発電と、原子力発電を比べてみよう。かつての火力発電所が公害のシンボルだったのは、粉塵による有害物質を排出したからである。中国の火力発電は今でも、昔の日本のように煤煙だらけのひどいものがゾロゾロだが、現在の日本の火力発電所で、そのようなものはない。二酸化炭素を出して植物の成長を助けているのに、二酸化炭素の排出源だと、あらぬ批判を受けてきただけだ。石炭火力でも、日本ではまったくクリーンである。

しかしエネルギー効率では、火力発電も、先年までは原子力と同じく、温排水による排熱の問題を抱えていた。そこで石油、石炭、ガスの火力発電所は、効率をぐんぐん高めて、二〇〇〇年までにはついに原発の一・五倍までエネルギー効率を引き上げることに成功した。それと並行して登場したのが、ガス・コンバインドサイクルという一層すぐれた発電法であった。

これは、湯わかしの火力に、台所で使う都市ガスと同じ天然ガスを使う。ジャンボジェットのエンジンを地上に固定したと考えればよい。飛行機が空を飛んで行く代りに、そのガス燃焼時の噴射力で発電機のシャフトを回転させるのがガスタービンだ。しかしこの先が、すぐれている。一〇〇℃でお湯をわかせるのだ。燃えたガスは【図69】のように、まだ六〇〇℃を超える高温なのだから、排気ガスをボイラーに送って今までの火力発電と同じように蒸気をつくり、これを高圧タービン、中圧タービン、低圧タービンと三段階で水蒸気を使い、エネルギーをしぼりとれるだけとって、発電機のシャフトを回す。都合四つのタービンからエネルギーを受けた発電機は、猛烈な勢いで回転して、大量の電気を生み出す。この組み合わせ（コンビネーション）からコンバインドサイクルと名付けられた。

東京電力の川崎発電所では、エネルギー変換効率が世界最高レベルの五九％を実現した。

【図69】エネルギー効率がきわめて高いガス・コンバインドサイクルの発電原理

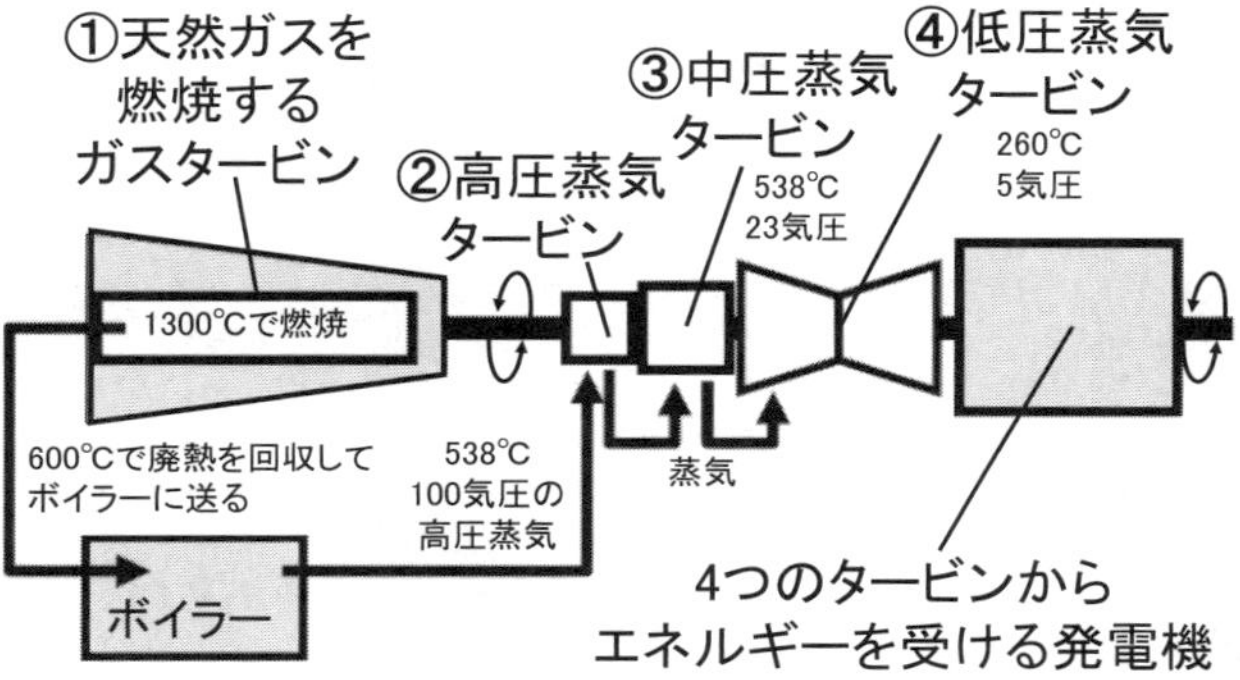

図は東京電力横浜火力発電所における一例。

つまり原発の二倍だから、排熱が二分の一になる。【図69】の横浜や川崎は日本の工業地帯で、しかも首都圏にあるので送電ロスはない。安全だから、新潟県や福島県に原発をつくるような迷惑をかけずにすむ。

天然ガスは、効率を高めるだけでなく、家庭の煮炊きで使われるようにガスがクリーンであるためと、効率上昇によって、排気ガス中の窒素酸化物と硫黄酸化物、排熱が著しく減少し、有害排出物はゼロに近い。東京電力では千葉県の富津《ふっつ》火力発電所も、二〇〇八年七月に一台目が運転開始、二〇〇九年一一月に二台目が運転開始。やはりエネルギー変換効率が世界最高レベルの五九%を実現した。これも首都圏である。原発は、起動してから定格出力に達するまでに何日もかかり、定期検査で三ヶ月も休む不細工な発電所だが、コンバインドサイクルは、スイッチを入れてからわずか一時間で最大出力に達する機動性を持つため、真夏に「今日は暑いな。電力需要が大きくなるぞ」という時でも、素早く電力需要に対応できる。

これらのガス火力発電所を一〇年以上前に見学したが、中型の発電機をたくさん並べて、巨大原発に匹敵する発電能力を持ち、消費電力の変化に対応できるばかりか、まったくクリーンな発電プラントであることに、ここまで進歩したかと感嘆した。マンモスのように複雑怪奇な原発ばかり見てきた私は、発電所というものは、これほど簡素なプラントでよいのだと驚いた。東北電力の東新潟火力発電所でも、コンバインドサイクルが使われ、熱効率五五%を達成していた。

九州電力の新大分発電所でもガス・コンバインドサイクルが熱効率四九%を達成し、一一～二四万キロワットの発電機をずらりと一三基揃《そろ》えて、総能力二三〇万キロワットという巨大原発二基クラスの発電能力を持っている。さらに同じ出力の原発と比べて、建設費が四分の一ですむ。日本の原発推進記事を書きなぐっている新聞記者たちも、こうした最新鋭の発電所を見学すれば目が覚めるだろう。

【図70】にその答がある。アメリカで発電効率がぐんぐん上がって、それによって大幅なコストダウンを実現し、こうしてアメリカ・ヨーロッパで急速に普及したのが、コンバインドサイクルである。今やこれが先進国の発電の主流となって、エネルギー効率を高める努力が実っていることを、不勉強な二酸化炭素温暖化論者は何も知らずにいるのだ。

先進国における原発ルネッサンスなどという言葉は大嘘なのだ。大統領がブッシュであるかオバマであるかは問題ではない。アメリカのエネルギー省の計画では、西暦二〇三〇年までの電力の増加分は、八割近くを天然ガスと自然エネルギーでまかなう、残り二割近くは石炭でまかなう、としてきた。エネルギー省によれば、原発は全体の五％で、しかもそれはオプション（選択肢）にすぎないと断っている。前述のように、原子炉製造技術が絶滅危惧種となってきたので、延命を図っているだけだ。オバマ大統領が、原発建設に対して政府の債務保証を増額するという政策を打ち出したのは、そのような援助をしなければ原発を建設できないほど、電力会社にとって魅力のないプラントだからである。同じ建設コストで四倍の電力を生み出せるのが、コンバインドサイクルである。

【図70】コンバインドサイクルの発電効率の上昇とコストの変遷

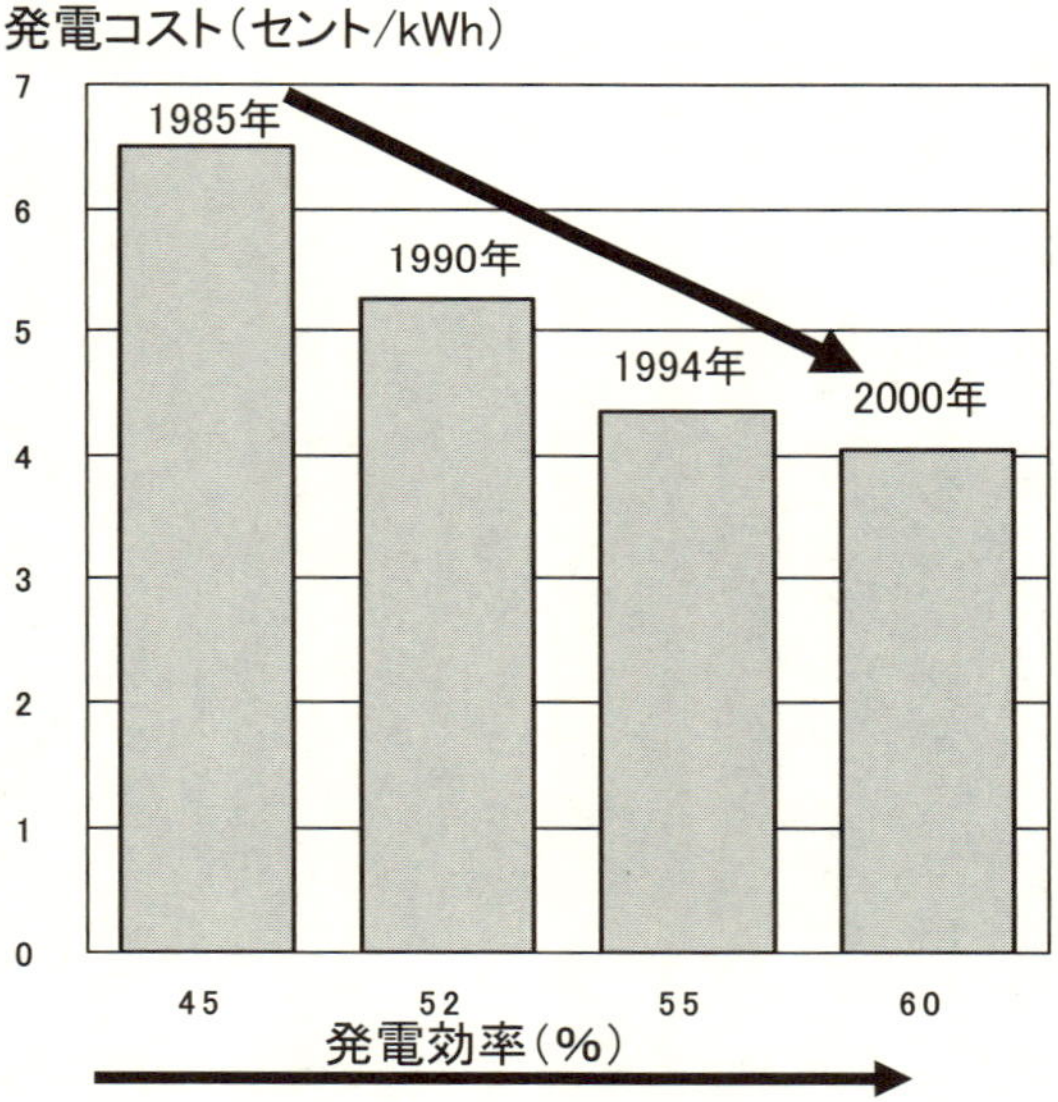

アメリカで15年間で38%という大幅なコストダウンを実現したため、天然ガスを使うコンバインドサイクルがアメリカ・ヨーロッパで急速に普及した。Mobil Power Inc. USAデータより。

ここに残る問題は、すべての化石燃料に共通する資源涸渇である。二〇〇八年の全世界の天然ガス消費量は、ほぼ三兆立方メートルに達し、それに対して確認埋蔵量は一八五兆立方メートルなので、単純に割り算すると六〇年で涸渇することになる。今後、確認埋蔵量と消費量が共に増加すると予測して、五〇年程度であろうか。ところが、今までの天然ガスに加えて、非在来型と呼ばれるコールベッドメタン、タイトサンドガス、シェールガス、メタンハイドレートのような新たな天然ガス資源の存在が確認されている。前三者の埋蔵量は試算で九二二兆立方メートルに達し、従来の天然ガスの五倍、つまり三〇〇年分もある。

また、天然ガスは可採年数が六〇年とされてきたが、実は地球が内部から生み出すもので、無尽蔵に生産される、という科学的な説も有力になってきたので、業界内部では涸渇説はほとんど語られていない。日本は、天然ガス埋蔵量が二兆立方メートルを超えるとされるロシアのサハリン開発に参加し、大手のガス会社と電力会社が権益を確保してきた。これとは別に、純国産天然資源としてシャーベット状に眠っている純正な天然ガスのメタンハイドレートは、日本近海に一〇〇年分も分布することが分かっている。

もうひとつ注目されるのが、クリーンコールと呼ばれる石炭火力の進歩で、石炭の発電効率を上げて、同時に、燃焼による大気汚染を減らすクリーン発電が、現実的に最も急がれている。石炭をガス化できれば、ほぼ一〇〇〇年分ある無尽蔵の資源からコンバインドサイクルができることになる。日本はクリーンコールで世界トップの技術を持ち、さらに開発中である。事実上、日本の発電所では、「CO_2減少のための原発」という電力会社の宣伝文句に反して、電源別の発電実績を見ると、一九九〇年度には一〇%だった石炭火力が、二〇〇八年度には二・五倍の二五%にも増えて、天然ガスと並ぶ主力電源になっていることが、ほとんど知られていない。

数十年で資源が涸渇するというストーリーは、一九七〇年代のオイルショックから何度も語られた。ところが、化石燃料の埋蔵量が年々増えるというあべこべの経過をたどってきたことから明らかなように、化石燃料を高値で売りたい産出国とメジャー各社とウォール街投機業者の帳簿上の数字であることは歴史が実証済みである。

いずれにしろ、世界的な消費量節約の思想普及という道徳的お説教では、エコ、エコと騒ぎながらそれと矛盾する経済成長を望む人類には、まったく期待できないし、世界的な人口増加という不確定要素があるので、私は完全に理想的なエネルギー問題の解決法があるとは思っていない。不特定多数の人類という、果てなき欲望を追い続ける生き物には、すぐれたエンジニアが省エネ技術を強引に使わせるしか方法がないのである。

そこで、エネルギー効率を高める技術はこれからも進歩するので、おおざっぱに推定して、数百年の資源の余裕があることは間違いない。エンジニアがこの問題に正しい道筋をつけるのに必要なのは、ほんの数十年の研究で充分である。人口が減少してゆく日本では、消費量を増やさないという原則を守って、あわてずに日々少しずつ変えることだ。

スマートグリッド（賢い送電網）のような名ばかりの、余計な送電網をつくらないことだ。これは電力需要をIT技術で正確に把握しながら、変動の大きい自然エネルギーや蓄電技術を使った電力制御法だと宣伝されているが、蓄電するたびにロスが出る。実際には、エネルギー産業による巨大な企みだ。二〇年から三〇年もかけて大規模なインフラ整備が必要で、そこにたかるIT産業と、投資家たちが莫大な利益を目論み、電気自動車の夜間充電によって原発の余剰電力を使わせるだけだ。スマートグリッドにはどこにも本来の目的である省エネの回路がないではないか。このように無駄で複雑な設備をつくるだけ、エネルギー需要が逆に増加するフールグリッドにだまされてはいけない。人間は、無駄を省いた簡素な生活や都市を目指すべきなのである。

再び、本題の省エネルギーに戻ろう。ほかの国がどうであれ、深夜に煌々《こうこう》と輝く日本列島に住んでいる私たちは、エネルギー効率をまだまだ高める必要があるし、その分野では世界トップの技術を持っている。

コジェネの発想と燃料電池

たとえすぐれたコンバインドサイクルであっても、まだ三分の一以上の熱エネルギーを捨てている。熱から電気を生み出すには、タービン翼が耐えられるかどうかという物理的な限界があるため、どうしても膨大な量の排熱を捨てなければならないのだ。そこで、排熱を捨てずに利用するコジェネの発想が生み出された。コージェネレーション（cogeneration）とは、電気と熱の両方を同時に生み出すシステムのことで、うまくやればこれによってエネルギーの利用効率を九〇％にも高められる。

すでに述べたように、日本人は大量の熱を家庭や工場などで利用し、しかもそのために

【図71】東京都中央区築地「明石町地域冷暖房センター」における地域型コジェネの実例

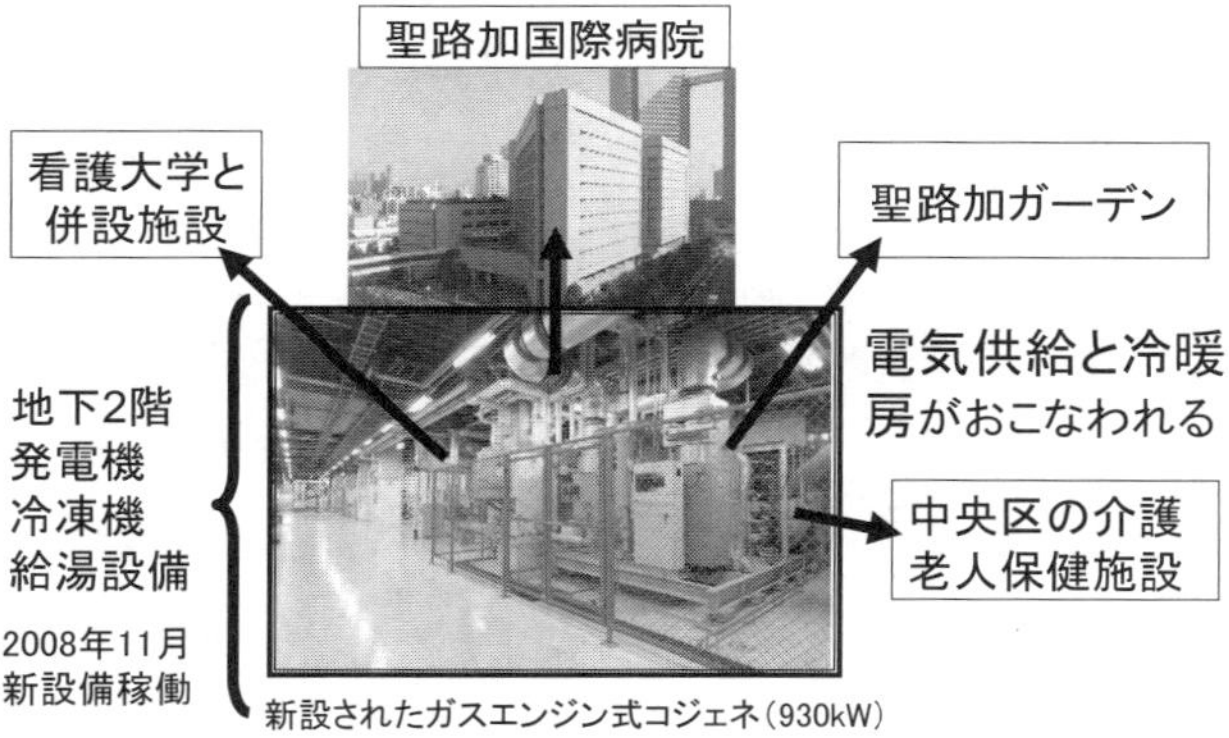

発電時の排熱を利用してお湯をわかせば、エネルギーの無駄がなく、経費も節約される。ガスエネルギー新聞、2009年3月25日より。写真はエネルギーアドバンス提供。

電力を使いながら、発電所で大量の排熱を捨てている。主に熱を使うために大量の熱を捨てるとは、おかしな話だ。電力をつくる時の排熱を、消費者が使えばよいではないか。しかしそのためには、発電所のかたわらに住まなければならない。いや、そうではない。発電機が消費者の手元にあればよいのである。つまり大型発電所に頼らなければ、それができるのだ。

【図71】の東京都中央区築地にある「明石町地域冷暖房センター」における地域型コジェネの実例では、聖路加国際病院の地下二階に二〇〇八年一一月にガスエンジン発電機と冷凍機と給湯設備ができて、この新設備が稼働し始めた。ここで生まれた電気とお湯を使って、病院だけでなく、看護大学および併設施設と聖路加ガーデン、中央区の介護老人保健施設に電気供給と冷暖房がおこなわれている。

ほかにも、店舗、ホテル、病院などに都市ガスを使ったガスエンジン発電機が動き出している。これらのコジェネでは、排熱が温水器に送られて貯湯タンクにどんどんお湯ができ、食器の洗浄ができたり、お風呂の給湯ができるので、経費とエネルギーが両方節約されるコジェネの好例である。

東京ガスとヤンマーが共同開発した七〇〇キロワットのかなり大型のガスエンジン・コジェネでは、小規模な工場やホテル、病院などのようにお湯をたくさん使う施設に向いており、総合エネルギー効率が七四％にも達するようになった。エネルギー効率をわずか一％上げるだけでも、コンバインドサイクルをはじめとする火力発電では技術的に至難の業だが、電力消費者がお湯を使うというだけで、このように十数％も高くなるのである。

天然ガス導入センターエネルギー高度利用促進本部（旧日本コージェネレーションセンタ

ー）による統計では、コジェネの普及度が二〇〇四年度には大型原子炉一基分に近い八〇万キロワットにも達したが、その後は低下している。コジェネの効率的な熱利用に逆行する最悪のオール電化が日本人に急速に普及し始めたのがちょうどこの時期なので、その余波を受けたのだろう。特に寒い北海道でオール電化率が四〇%を超え、北陸で五〇%を超えたのは、一体どうしたことだろう。それでも二〇〇七年度までにコジェネの累積量が九〇〇万キロワットを超えたので、大型原子炉九基分にもなる。

一方では、排熱を使って発電するスターリングエンジンの実用化も進んで、その普及も目の前に迫っている。いま工場などの産業用では、使われたエネルギーの四割が熱として捨てられている。この排熱をすべて利用してスターリングエンジンを動かせば、そこから得られる発電量は、驚くなかれ、日本全土の原発に匹敵するのである。このようによい話を、普段聞かないから、つまらない二酸化炭素温暖化論や嘘だらけの原発ルネッサンス報道に惑わされるのである。

さて、ここまでは家庭の話をしなかったが、家庭用コジェネの決定版と言える発電装置が生まれた。家庭で電気を使うたびにお湯ができる燃料電池である。この名称は、英語の

fuel cellが、日本語で燃料電池と訳されてしまったため、電気をためる電池と誤解されるまったく不適切な言葉である。日本ではフュエル（fuel）を燃料、乾電池をセル（cell）と呼んできたので、間違いが起こった。フュエルがエネルギー源、セルが小さな箱、という意味なので、実際には、「エネルギーを生み出す魔法の小箱」つまり小型発電機が燃料電池である。

そこでメーカーのトップが一堂に会して、業界用語を統一して、燃料電池を「エネファーム」（エネルギーを生み出す農場）と呼び変えるようにし、二〇〇九年一月に本格発売宣言をおこなった。二〇〇八年度末までに、すでに大規模実証事業で三三〇七台の燃料電池が家庭に設置され、二四％の省エネ効果が確認されたのだ。二〇〇九年度の初年度は五〇〇〇台の販売計画だったが、問題となる価格は三二〇〜三四六万円なので、まだまだ高い。そこで国が補助金として最大一四〇万円を出す方針だが、国家補助は総額でたった八一億円なのである。原発がその一〇〇倍の五〇〇〇億円規模の予算を受け取り、放射能まみれの国家にしようとしている現実と比べてみれば、日本政府と国会がどれほどエネルギー問題に不真面目な集団であるかが分る。大手ガス会社は、数年内に太陽電池並みの一〇〇万円を切る目標を打ち出したが、普及し始めれば部品代が大幅に下がって、パソコンと同じように低価格の時代を迎えることに期待できる。何よりも国の支援が必要なこの時期に、民主党も自民党も原発利権まみれなのだ。

燃料電池にも、用途によって主に五種類に大別されるタイプがあるが、ここでは家庭用として普及し始めた固体高分子型（PEM型あるいはPEFC型と呼ばれる）だけを説明する。太陽光発電が半導体の作用によって発電するように、燃料電池の原理も、ファラデーの発電の原理を使わない、まったく異なる電気化学的な発電法である。

水素ガスでも、都市ガスのメタンでも、プロパンガスでも、メタノールのようなアルコールでも、家畜の糞尿《ふんにょう》でも、水素原子を含んでいるものであれば何でもエネルギー源になる。ここから水素を取り出して、陰極に送りこむと、水素原子のプラスの電荷を持った陽子が高分子膜に入ってゆき、マイナスの電荷を持った電子がとり残される。この電子が電線の中を走って、電流が流れるので、パソコンでも、自動車のモーターでも、冷蔵庫・洗濯機・テレビでも、電気製品が動き出す。電子が陽極に達すると、膜を通った陽子も陽極に達して、お互いにプラスとマイナスが再び引き合って、結合しようとする。そこに酸素（空気）を送りこむと、酸素が電子を取りこんでマイナスのイオンになる。その結果、水素と酸素が電気化学的に結合して、静かに発熱反応を起こす。

こうして電気と熱が同時に出るので、貯湯タンクに水を入れれば、電気を使うたびにどんどんお湯ができ、風呂に入り、台所の洗い物ができる。メカニズムは、これだけである。電気エネルギーを使って水を電気分解すると、水素と酸素ができるので、これを逆にした反応だと考えればよい。原理は二〇〇年ほど前の一八三九年という大昔に発見されていたが、その八年前にファラデーの発電法が発見されたため、人類が忘れていたのだ。これは、窒素酸化物（NO_x）、硫黄酸化物（SO_x）、放射性物質のような汚染物・危険物が一切出ない。出るのは、水だけ、という完全にクリーンなエネルギーである。

燃料電池がまさに世界中のエネルギー産業界の注目を集めるスターダムにのしあがろうとしていた二〇〇一年に、私は『燃料電池が世界を変える　エネルギー革命最前線』という本を書いた。だが私の大きな期待は裏切られた。その年九月に世界貿易センタービル崩壊事件が起こり、全米が経済崩壊して、世界中が軍事経済に暴走したため、アメリカ・ヨーロッパでは燃料電池の開発が吹っ飛んでしまったのだ。日本でも経済苦境の中で、企業がまずその日その日の商品を売って収入を得ることが優先され、新技術に開発資金を投じるのは至難であった。その地獄に耐えて開発を続け、技術的に成功させた日本企業は、その精神だけでも世界に冠たるものだと賞讃したい。

家庭用として現在まで実用化されているのはいま述べたPEM型で、都市ガスタイプではパナソニック（旧松下電器産業）製を東京ガスが発売し、プロパンガスタイプでは三洋電機と新日本石油（ENEOS）の合弁会社ENEOSセルテック製を新日本石油が発売している製品が代表的だが、新日石は都市ガスタイプも発売している。ジャパンエナジー（JOMO）、出光、コスモ石油、昭和シェル石油なども燃料電池開発に参加している。これらの企業名は何ですか。無知をきわめる二酸化炭素温暖化論者に標的にされてきた化石燃料の会社群なのだ。エネルギー問題のすぐれた最先端の技術的解決に、最も真剣に取り組んで成果をあげたのは、悪者呼ばわりされてきた彼らなのだ。

家庭用には、固体酸化物型（SOFCと呼ばれるセラミック型）もあり、これも開発が急ピッチで進められ、NTT、東邦ガス、住友精密工業、大阪ガス、京セラ、トヨタ自動車、アイシン精機が、いくつかのグループとして次々と有望製品にめどをつけつつある。積水ハウスは、二〇〇五年から新築戸建て住宅に家庭用燃料電池の導入を開始し、二〇〇八年度までに延べ一〇〇棟に達した。旭化成ホームズも、京セラ製の太陽光発電と太陽熱利用の複合ソーラーを設置し、さらに太陽光に燃料電池エネファームを取り入れた「ダブル発電パック」を新築戸建て住宅向けに販売を開始した。知っていましたか。

ここまで自信を持って読者に紹介したのは、東京ガスからの一〇年間一〇〇万円のリース方式に応募し、わが家に燃料電池を設置して二〇一〇年八月で五年になるからである。私がモニターに応募したのは、化学技術者としても消費者としてもこの装置の「欠陥を探してメーカーの技術者に報告したい」ためであった。二〇〇八年にはモニターユーザーに対してパナソニック製新モデルに無償交換してくれたが、驚くべき進歩を実感してきた。普及のために欠陥があってはならないと、わずかな音の発生にも苦情を伝えると、ほどなく改善された。見事な技術者たちである。

エネルギー効率の実績を比較すると【図72】の通りである。この差は、とてつもなく大きな天然資源の節約と、無駄な排熱の減少と、エネルギーコストの削減に貢献する。原発はエネルギー効率が最低である。燃料電池の効率を上げる目的は、発電時にお湯をつくっ

【図72】発電法によるエネルギー効率の比較

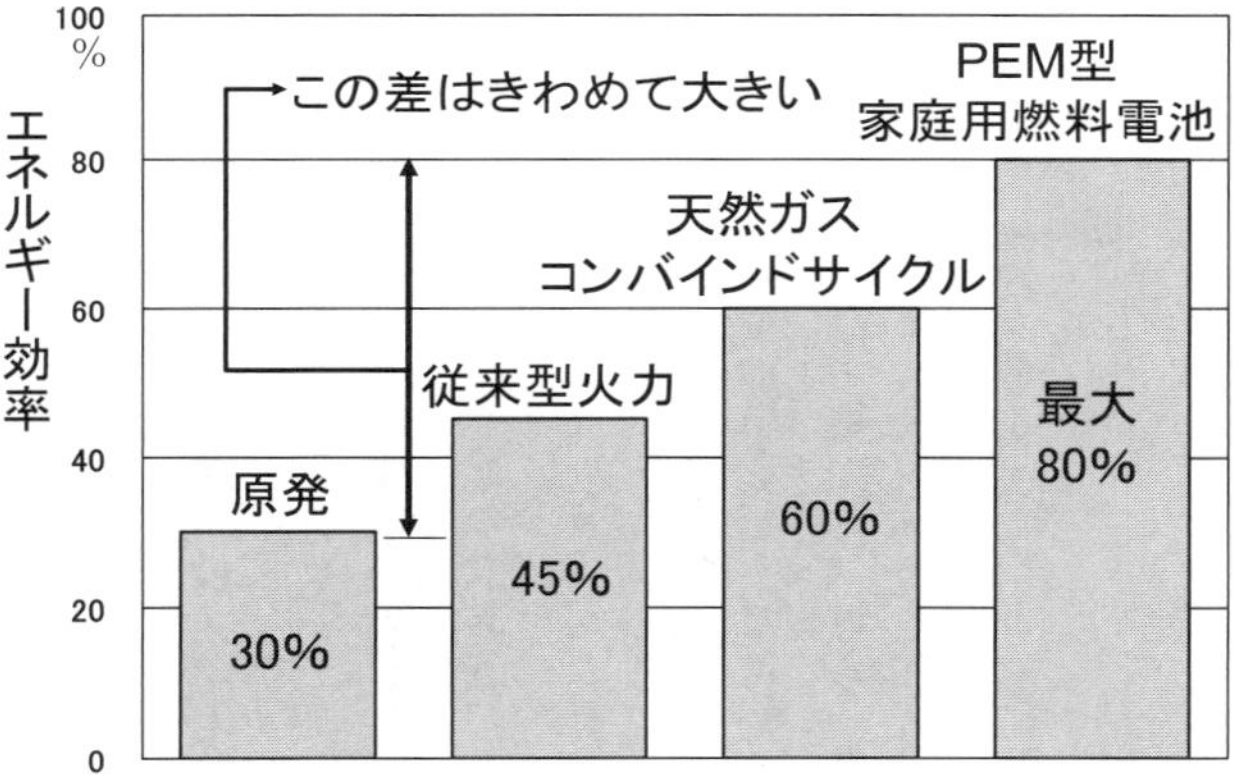

エネルギー効率が上がると、資源の節約、コストの減少、排熱量の減少という三つの面からすぐれた効果がある。

て、従来の熱消費量を減らすことにあるので、よく汗をかいてよく風呂に入る人や大人数世帯ほど効果が大きい。私が燃料電池に期待するのは、家庭用の先にある工業界での普及に巨大な可能性があることを確信してきたからである。彼らは自然エネルギーが嫌いだが、この高いエネルギー効率には惹《ひ》かれるはずだ。日本は、家庭で節電しても効果は小さいが、熱をかなり利用する工場、ホテル、病院、店舗などにこれが普及すれば、絶大な省エネルギー効果がある。それは、目前に見えているゴールだ。

日本の政治家は、原発に拘泥する時代後れの集団である。

原発は、海を加熱して、生物を根絶やしにしているだけだ。

隣国の中国は、原発に邁進《まいしん》し、光化学スモッグを日本に吹き流す危険な経済大国となったばかりか、エネルギー利用効率が日本の九分の一しかない。世界最大の消費国アメリカもまた、効率が日本の二分の一というひどさである。中国で原発の大事故が起これば、日本人も巻きこまれて終りなのである。なぜ日本は、これだけのすぐれた技術を持っていながら、燃料電池を各国に輸出して、原発のない世界をつくろうとしないのか。排気ガスをふりまく自動車の輸出は、もういい。これからの日本経済の主力は、工業力の粋を集めたこのエネルギー産業であり、そこに力を注ぐ恰好のチャンスではないか。

もしそれでも自動車輸出を続けたいなら、排気ガスがゼロの燃料電池カーしかない。プロドライバーや自動車評論家たちは、電気自動車と燃料電池カーを、同じメカニズムだと勘違いしているが、電気自動車は発電所から電気をもらって、それを電池にためなければ一メートルも動かないポンコツだ。燃料電池カーは、自分の発電機で走り、マフラーから水しか排気しない自動車である。同じモーターでタイヤを回しても、まったく違う乗り物なのだ。ホンダのすぐれた技術者たちが、水素で走る燃料電池カーをめざしているが、それには、ガソリンスタンドに代る水素ステーションを全国どこにでもつくらなければならない。その発想は、いつまでも手の届かない理想に見える。現実の社会構造は、それほど簡単に変えられるものではない。ガソリンに近い液体成分で燃料電池を動かせるよう、早く商品化できる研究に切り換えたほうが成功の近道だと思う。家庭用燃料電池が商品化に成功したのは、現在誰もが使っている都市ガスやプロパンガスを利用したからである。

あとがきにかえて――自然エネルギーの展望

読者のお待ちかね、自然エネルギー利用の話で本書をしめくくりたい。

ここまで本文に述べたような理由から、日本全体のエネルギー消費量から考えれば、工業界、産業界、官公庁、学校、オフィスビルなどにおけるエネルギー節約と排熱源の縮小がまず第一だと思うので、彼らが二の足を踏む「天候に左右される自然エネルギー」の利用より先に、コジェネと燃料電池の普及を願っている。しかし個人が節電しなくていいと言っているわけでは毛頭ないし、自然エネルギーの活用も大事である。

自然エネルギーの代表だった水力発電は、いまやそのダム建設が、コンクリート工事による環境破壊のシンボルと認識されるようになった。ところがエコキュートなる商品を普及させた電力会社は、それでも原発の電気が夜間に余ってしょうがないので、何を企んだかと言えば、深夜の電力を使って、下の貯水池から上の貯水池に水を汲《く》みあげる「揚水《ようすい》ダム」という巨大で無駄なダムの建設に熱中してきた。そうして「最大ピーク電力の時に、このダムの水を落として、最大電力需要に対応するのです」とのたまう。

これはとてつもない嘘である。夜間に原発の余った電気を捨てているだけである。原発の発電能力の半分にも達しようかという二〇〇〇万キロワット以上の無駄な揚水ダムを建設してきた電力会社は、ゼネコンを上回る自然破壊者である。たった数%という驚くほど低い稼働率しか達成していない揚水ダムは、ピーク電力時のわずかな発電電力に対して、巨額なダムの建設費を食って大自然を破壊している。それが電力会社のコスト計算に占める固定費を大きく押しあげ、電気料金全体を押しあげ、消費者に不当な損失をもたらしている。揚水発電のコストは、水力ではなく、揚水発電がなければ運転できない原子力のコストとして計算されなければならない。ウランの核分裂で水を汲みあげるダムでも、自然エネルギーだと言うのか。

この一事を見て、気づくことがある。それは、太陽と風力が、自然界に対してまるで違う性格を持っていることだ。黒部ダムのように、あれほど日本経済成長のダイナミックなエネルギー源として人気者だった水力発電が、なぜ嫌われるようになったのだろうか。自然界に入るからである。

発電型の太陽光、あるいは温水型の太陽熱の利用は、大都市の屋上でも、住宅の屋根でも、ビルの外壁でも利用することが可能である。特に太陽熱利用は、太陽光発電に比べて、エネルギーの利用効率が数倍も大きい。自然界に入らず、都会で普及できるなら、必要に応じて、順次普及してゆくべきだ。しかし風力は、自然界に入らなければならない。そのため私は大型風力発電が好きではない。日本では、おそらく最も早い時期に、自宅のために風力発電機を購入した人間である。庭に設置しようとしたが、幼い子供のことを考えて、住宅街であの羽根が回り出せば大変に危険であると感じた。ほかの人にあげようとしたが、東京では、みな同じ危険を感じて引き取り手がなく、転々として、最後に北海道に送られた。そこで考えこんだ。

もともとヒートアイランドに代表される大都市が、エネルギー問題を起こしているのに、それを自然界に持ちこんで解決しようとすることは、間違いではなかろうか。巨大な電力を必要とし、消費しているのは、都会人なのである。それを解決するために、山の稜線《りょうせん》や海岸線など最も美しい場所を、強い風力の得られる場所として選んでいる。そしてそれらの町では必ず「わが町は自然エネルギーを利用しています」と言っているが、そうした町は、もともと電力の使用量が、おそらく日本全土の十万分の一にもならない土地なのだ。このように自然界に機械を持ちこんで自然界を破壊するものを、自然エネルギーと呼ぶのは、まったくおかしい。

それればかりか、各地に設置された風力発電には、「低周波音が風車病を引き起こす」、「騒音被害がすさまじい」、「渡り鳥が衝突するバードストライクによって自然界の脅威になろうとしている」という声が絶えない。しかも送電線が必要なので、分散型の電源ではない。これら、あまりにも多くの問題がありながら、自然エネルギーのシンボルだと勘違いされている。直径八〇メートルもある羽根が高速で回れば、風車病と呼ばれるすさまじい被害が出るのも当然である。

北海道最北端の稚内《わっかない》市は、シベリアからの風で海岸の木が傾いて生えるほどで、年間の平均風速が七メートルあり、全国的にも類を見ない風の強い地域である。そのため風力発電の効率が非常に高く、二〇〇九年時点で合計七四基の風力発電機が設置され、風力による電力が市の全消費量のほぼ七割をまかなっている。しかしほかの土地ではどうか。どこに行っても、羽根が回っていないで、ただ自然エネルギーのシンボルですという顔をして突っ立っている。

私がここで書いている自然エネルギー問題の基本は、日本全体のエネルギー論の解決法として「数量的な」意味合いから述べている現実である。その一方、おそらくほとんどの人と同じように、日本の自然を守りたいという願望に近い心情も働いているが、決して私の好みを他人に強要するつもりはない。自然エネルギーについては人それぞれの感じ方や、土地や国の文化・地理それぞれの特質もあるので、互いに「誰が正しい」とは断言できない。

しかしソーラー発電でも、最近は広大な土地に太陽電池を敷きつめるメガソーラーというものが登場してきた。それは、私が求めている自然エネルギーではない。このように巨大な発電施設になれば、一体、日本の電力をまかなうのにどれほど広大な自然界の土地を、太陽電池が占拠することになるだろうと想像すると、ぞっとする。太陽が秘めている膨大なエネルギーの利用は、少しずつ、すでに自然を破壊した都会の屋根の上などから、地道に一歩ずつ進めるべきだと思う。何でも、大規模にすれば、次の予期しない問題が起こってくる。

エネルギー問題の解決？

自然は、エネルギー問題の解決のためにあるのだろうか。私はスケッチするので、レンブラントの風景画のデッサンにあるような、ドン・キホーテが戦った昔の風車は大好きである。粉ひき小屋の上に回る布を張った風車や、コトコトコットンと回る森の水車は絵になるからだ。ここに掲げた絵をレンブラントと勘違いしてくれることはないだろうが、不肖私のデッサンである。しかし現代の風力発電機は、無味乾燥で、風景を台無しにする。昔の電信柱は、木でできていたので、のどかな風物詩として絵になったが、今のコンクリート製の電柱は、風景を楽しむ邪魔になるだけである。昔の操車場、昔の汽車、みな機械的な道具でありながら、不思議に絵画的な魅力にあふれていたが、現代のものは、どれもメカニックで冷たく、味わいがない。

自然は、人間が狡猾に利用するためにあるのではない。私たちは、自然があることによって初めて、この体と心が生かされているのだ。その恵みは、いかなる言葉をもってしても感謝をつくせないほど深く、大きい。風景と自然は、それ自体が私たち人間にとって、かけがえのない財産である。胸を満たすこうした美に比べれば、エネルギー問題などは、人生にとって、取るに足らない些細《ささい》なことである。

二〇一〇年七月

広瀬　隆

広瀬 隆（ひろせ たかし）

一九四三年東京生まれ。作家。早稲田大学卒業。長年、エネルギー問題について原発から燃料電池まで精力的に分析・研究している。『アメリカの経済支配者たち』『アメリカの巨大軍需産業』『アメリカの保守本流』『資本主義崩壊の首謀者たち』（以上集英社新書）、『赤い楯』（集英社文庫）、『世界金融戦争』『世界石油戦争』（以上NHK出版）、『一本の鎖』（ダイヤモンド社）など著書多数。

二《に》酸《さん》化《か》炭《たん》素《そ》温《おん》暖《だん》化《か》説《せつ》の崩《ほう》壊《かい》

集英社新書〇五五二A

二〇一〇年七月二一日 第一刷発行
二〇二〇年二月 八 日 第九刷発行

著者……広瀬《ひろせ》 隆《たかし》
発行者……茨木政彦
発行所……株式会社集英社
東京都千代田区一ツ橋二-五-一〇 郵便番号一〇一-八〇五〇
電話 〇三-三二三〇-六三九一（編集部）
〇三-三二三〇-六〇八〇（読者係）
〇三-三二三〇-六三九三（販売部）書店専用

装幀……原 研哉
印刷所……大日本印刷株式会社 凸版印刷株式会社
製本所……加藤製本株式会社
定価はカバーに表示してあります。

ISBN 978-4-08-720552-7 C0236
Printed in Japan